·前端工程化系列·

前端工程化
体系设计与实践

周俊鹏 / 著

电子工业出版社
Publishing House of Electronics Industry
北京·BEIJING

内 容 简 介

前端工程化包含一系列规范和流程,其可提升前端工程师的工作效率,加快Web开发迭代速度,是现在前端开发领域非常重要的一环。本书系统、全面地介绍了前端工程体系的各个环节,包括设计要点和实践经验。全书分为7章,分别是前端工程简史、脚手架、构建、本地开发服务器、部署、工作流、前端工程化的未来。

本书适合对前端工程化有一定理解和实践的中高级前端工程师阅读,同样适合对前端工程化感兴趣的服务器端开发者以及运维人员阅读。

未经许可,不得以任何方式复制或抄袭本书之部分或全部内容。
版权所有,侵权必究。

图书在版编目(CIP)数据

前端工程化:体系设计与实践 / 周俊鹏著. —北京:电子工业出版社,2018.1
(前端工程化系列)
ISBN 978-7-121-33090-2

Ⅰ. ①前… Ⅱ. ①周… Ⅲ. ①网页制作工具 Ⅳ. ①TP393.092.2

中国版本图书馆 CIP 数据核字(2017)第 286740 号

责任编辑:付 睿
印　　刷:北京盛通商印快线网络科技有限公司
装　　订:北京盛通商印快线网络科技有限公司
出版发行:电子工业出版社
　　　　　北京市海淀区万寿路 173 信箱　邮编:100036
开　　本:787×980　1/16　印张:14　字数:234 千字
版　　次:2018 年 1 月第 1 版
印　　次:2022 年 9 月第 15 次印刷
定　　价:69.00 元

凡所购买电子工业出版社图书有缺损问题,请向购买书店调换。若书店售缺,请与本社发行部联系,联系及邮购电话:(010)88254888,88258888。
质量投诉请发邮件至 zlts@phei.com.cn,盗版侵权举报请发邮件至 dbqq@phei.com.cn。
本书咨询联系方式:010-51260888-819,faq@phei.com.cn。

推荐序
技术之外

> 前端工程体系是一种服务,以项目迭代过程中的前端开发为主要服务对象,涉及开发、构建、部署等环节。
>
> ——摘自《前端工程化:体系设计与实践》

阿里的玉伯曾经问过我一个问题:前端该不该碰业务?具体一点地说,就是前端要不要了解后端的业务逻辑,甚至将部分这样的逻辑与规则放在前端来处理与实现。我当时思考了片刻,给玉伯的建议是:前端还是不要碰业务逻辑,围绕着交互做就好了。

事实上这个问题的答案有很多,不同的场景下也可以各有权衡,所以上面的答案也并非标准答案。但我在这里提及这件事情的原因是:这个问题的前设、背景与分析过程,是技术无关的。显而易见,我们并没有讨论哪一种框架来解决何种技术问题,又或者在技术上如何做前后端分离。我们是在讨论一个根本上的工程协作问题:谁,该做什么?这个问题的关键点,就是"什么是领域划分的事实依据"。

前端的工程化,事实上还处在一个原始阶段。我们如今之所视,可以一言以蔽之:或在对语言内在功能特性的补充,或在对其外在组织能力的补充。这些种种补充,尽是在工程体系的"工具"这一隅上做的功夫。可以预见的是,在前端工程这个体系上前行,必然面临的问题是过程的优化和方法论的建立。然而如今前端在这些大的、根本性的问题上并没有任何触及，甚至连上面这样的"领域划分"问题都没有被认真地讨论过。

这些问题，也都如同开始的那个问题一样，是在技术之外。

所幸作者是意识到了这一点的。他在本书中将"前端工程体系"定义成一种服务，而非一种工程模型。从作者的定义来看，这个体系是可资实用的一种工具——可讨论、可实现，以及可以演化与重构，并遵循这些服务的设计原则、问题场景以及应用的约束。在我看来，这些内容才是书中的闪光点。

除此之外，本书还详细地讨论了其中有关脚手架、构建过程和本地工程化服务等现实中的工程实践所得，并为这些实践构画了一个参考模型。这使得本书提供了大量前端工程师可借鉴、参考并投之于生产实作的最佳实践。我想，作为结果，这些实践的优劣得失尚待时间验证，而作者在这一过程中的分析与观点，也可待业界指正评点。

而我所愿者，亦在读者能与我一道，在技术之外多做一点点观察。

周爱民

2017.11

前言

前端工程师这一岗位最初被独立分化出来专注于网页样式（CSS）的制作，目的是为了令 Web 开发者将更多的精力投入负责的业务逻辑中。然而随着 Web 技术的发展以及 PC、移动智能终端设备性能和功能的提升，用户对于网站的需求也不断增加。市场的需求促进技术的革新，对于前端工程师的要求早已不仅仅是编写 CSS 了。资源的多样性和逻辑的复杂性一度令前端开发工作异常烦琐且难以维护，工作效率的降低直接导致 Web 产品的迭代速度变慢，前端工程化便是在此时代背景下应运而生的。

事实上，前端工程化目前的形态和生态仍然处于非常原始的阶段。每个团队甚至每个人由于存在研究领域（比如业务层和框架层）和业务类型（比如 Google Map 与淘宝）的差异，从而对前端工程化有不同的需求和定位。本书将前端工程化解读为一系列规范和流程的集合，它不是一个框架或者工具，聚焦的不是某个垂直的研究领域或者特殊的业务类型，而是一种可演化、可扩展的服务，服务的目标是解决前端开发以及前后端协作开发过程中的难点和痛点问题，涵盖项目的起始、开发、测试以及部署环节。工具是前端工程化的实现媒介，规范是工程化的指导方针，工作流程是工程化的外在表现形式以及约束规范的载体。

本书通过解析一个 Web 项目迭代过程中前端开发者面临的诸多问题，从工程化的角度给出对应的解决方案，最终将各个环节串联为完整的工作流。希望读者通过阅读本书可以对前端工程化要解决的问题有大致的了解，从而能够对读者自行实现工程化方案有所帮助。

目标读者

本书的主要目标读者是对前端工程化有一定理解和实践的中高级前端工程师，同样适用于对前端工程化感兴趣的服务器端开发者以及运维人员。本书假设读者熟悉 Web 站点的基本工作原理，尤其是前端与服务器端之间的协作流程，并且对 HTTP 协议、异步通信、模块化等知识有深入的理解。

示例代码

本书选取了一个简易的前端工程化解决方案 Boi 作为示例，这并不是一个完整形态的解决方案，但是它的许多理念可以作为论证本书观点的参考。读者可以从 GitHub 上获取其源码：https://github.com/boijs/boi。

内容概览

本书第 1 章以前端工程师从无到有直至发展至今的历程作为后续内容的起始。从历史中我们提炼出前端开发人员在一个 Web 项目迭代周期各个阶段面临的诸多问题，这些问题是前端工程化诞生的催化剂，也是指导工程方案设计的本源。之后，我们会按照 Web 项目从起始到发布的流程分别介绍前端工程化在各个阶段的需求和功能设计，比如脚手架在项目初期减少了重复的体力操作并且降低了业务框架学习成本；构建系统从编程语言、优化和部署 3 个角度解决了前端开发语言内在的缺陷以及由宿主客户端特性引起的开发和生产环境之间的差异性；本地开发服务器提供了前后端并行开发的平台；部署功能权衡速度、协作和安全，把控着 Web 产品上线前的最后一道关卡。最后将这些功能模块合理地串联为完整的工作流，便是前端工程化的完整外在形态。

前端工程师的定位在不同的年代甚至不同的团队中存在着巨大的差异，即使仅以目前的时间节点为标准也难以给前端工程师一个绝对明确的定义。岗位职责的变化促进了工程体系的演进，所以本书在最后的章节中阐述了一些对前端工程师未来定位的思考，同时探讨了与之对应的前端工程体系的演进形式。

以下是分章节介绍：

- **第 1 章　前端工程简史**　讲述前端工程师的发展史、在团队中的定位，以及前后端分离和前端工程化的进化历程与基本形态。
- **第 2 章　脚手架**　讲述作为前端项目起始阶段取代烦琐人工操作的脚手架必须具备的要素以及本质，通过剖析目前市面上的经典案例讲解实现脚手架过程中需要考虑的要点以及如何集成 Yeoman 到工程化方案中。
- **第 3 章　构建**　讲述构建系统面临的问题以及对应的解决方案。构建是前端工程体系中功能最多、最复杂的模块，也是串联本地开发服务器、部署的关键，是实现工作流的核心模块。
- **第 4 章　本地开发服务器**　讲述如何以 Mock 服务实现前后端并行开发，以及配合动态构建进一步提升前端工程师的开发效率。
- **第 5 章　部署**　讲述部署功能如何权衡速度、协作和安全 3 个重要原则，以及前端静态资源特殊的部署策略。
- **第 6 章　工作流**　讲述如何将既有的功能串联成完整的工作流。以速度见长的本地工作流和注重严谨的云平台工作流，两者各有优劣，适用于不同需求和不同规模的团队。
- **第 7 章　前端工程化的未来**　讲述前端工程师如何选择进阶的方向以便适应未来的变化。前端工程化是服务于前端开发的，前端工程师定位的改变必然会引起工程化方案的调整。本章通过分析未来工程化不变和可变的方面，探讨前端工程化未来的表现形式。

"前端工程化系列"丛书

本书是"前端工程化系列"丛书之一，着重讲述辅助性质的工程体系设计和实践过程。前端工程化可以简单地理解为前端架构与工程体系的综合体，两者相辅相成。本系列丛书的后续作品将从综合的角度深层剖析架构与体系之间的关联及融合，讲述如何从宏观的角度打造合理的前端工程化生态。感兴趣的读者可以关注本系列丛书的相关动态。

联系作者

如果您在阅读过程中有任何问题,可以发送邮件到作者的个人邮箱:zjp0432@163.com。

致谢

感谢我的同事和领导在我创作本书期间给予的建议和支持。特别感谢我曾经的技术领导元亮,在与他共事期间我于前端工程领域的探索和研究得到了充分的空间和资源。

感谢电子工业出版社博文视点的编辑付睿,她在编辑和审校本书期间提出了宝贵的意见。

最后,感谢我的朋友、父母以及妻子刘女士在我创作本书期间给予的空间和支持。

读者服务

轻松注册成为博文视点社区用户(www.broadview.com.cn),扫码直达本书页面。

- 提交勘误:您对书中内容的修改意见可在 提交勘误 处提交,若被采纳,将获赠博文视点社区积分(在您购买电子书时,积分可用来抵扣相应金额)。
- 交流互动:在页面下方 读者评论 处留下您的疑问或观点,与我们和其他读者一同学习交流。

页面入口:http://www.broadview.com.cn/33090

目录

第 1 章 前端工程简史 ... 1

1.1 前端工程师的基本素养 ... 2
- 1.1.1 前端工程师的发展历史 ... 2
- 1.1.2 前端工程师的技能栈 ... 3

1.2 Node.js 带给前端的改革 ... 7
- 1.2.1 前端的两次新生 ... 7
- 1.2.2 Node.js 带来的改革 ... 9

1.3 前后端分离 ... 12
- 1.3.1 原始的前后端开发模式 ... 13
- 1.3.2 前后端分离的基本模式 ... 14
- 1.3.3 前后端分离与前端工程化 ... 19

1.4 前端工程化 ... 19
- 1.4.1 前端工程化的衡量准则 ... 20
- 1.4.2 前端工程化的进化历程 ... 21
- 1.4.3 前端工程化的 3 个阶段 ... 32

1.5 工程化方案架构 ... 34
- 1.5.1 webpack ... 34
- 1.5.2 工程化方案的整体架构 ... 36
- 1.5.3 功能规划 ... 37
- 1.5.4 设计原则 ... 41

1.6 总结 ... 42

第 2 章 脚手架 ... 43

- 2.1 脚手架的功能和本质 ... 44
- 2.2 脚手架在前端工程中的角色和特征 ... 45
  - 2.2.1 用完即弃的发起者角色 ... 45
  - 2.2.2 局限于本地的执行环境 ... 47
  - 2.2.3 多样性的实现模式 ... 49
- 2.3 开源脚手架案例剖析 ... 51
- 2.4 集成 Yeoman 封装脚手架方案 ... 56
  - 2.4.1 封装脚手架方案 ... 57
  - 2.4.2 集成到工程化体系中 ... 63
- 2.5 总结 ... 66

第 3 章 构建 ... 68

- 3.1 构建功能解决的问题 ... 68
- 3.2 配置 API 设计原则和编程范式约束 ... 71
  - 3.2.1 配置 API 设计 ... 71
  - 3.2.2 编程范式约束 ... 75
- 3.3 ECMAScript 与 Babel ... 76
  - 3.3.1 ECMAScript 发展史 ... 76
  - 3.3.2 ES6 的跨时代意义 ... 78
  - 3.3.3 Babel——真正意义的 JavaScript 编译 ... 80
  - 3.3.4 结合 webpack 与 Babel 实现 JavaScript 构建 ... 84
- 3.4 CSS 预编译与 PostCSS ... 89
  - 3.4.1 CSS 的缺陷 ... 90
  - 3.4.2 CSS 预编译器 ... 90
  - 3.4.3 PostCSS ... 91
  - 3.4.4 webpack 结合预编译与 PostCSS 实现 CSS 构建 ... 93
  - 3.4.5 案例：自动生成 CSS Sprites 功能实现 ... 95
- 3.5 模块化开发 ... 101

3.5.1 模块化与组件化 101
3.5.2 模块化与工程化 102
3.5.3 模块化开发的价值 103
3.5.4 前端模块化发展史 107
3.5.5 webpack 模块化构建 109
3.6 增量更新与缓存 112
3.6.1 HTTP 缓存策略 113
3.6.2 覆盖更新与增量更新 117
3.6.3 按需加载与多模块架构场景下的增量更新 120
3.6.4 webpack 实现增量更新构建方案 122
3.7 资源定位 128
3.7.1 资源定位的历史变迁 128
3.7.2 常规的资源定位思维 132
3.7.3 webpack 的逆向注入模式 132
3.8 总结 147

第 4 章 本地开发服务器 149
4.1 本地开发服务器解决的问题 150
4.2 动态构建 152
4.2.1 webpack-dev-middleware 152
4.2.2 Livereload 和 HMR 157
4.3 Mock 服务 161
4.3.1 Mock 的必要前提和发展进程 162
4.3.2 异步数据接口 166
4.3.3 SSR 172
4.4 总结 174

第 5 章 部署 175
5.1 部署流程的设计原则 175
5.1.1 速度——化繁为简 177

5.1.2　协作——代码审查和部署队列 181
　　5.1.3　安全——严格审查和权限控制 184
5.2　流程之外：前端静态资源的部署策略 186
　　5.2.1　协商缓存与强制缓存 186
　　5.2.2　Apache 设置缓存策略 186
5.3　总结 190

第 6 章　工作流 191

6.1　本地工作流 192
　　6.1.1　二次构建的隐患 193
　　6.1.2　代码分离与测试沙箱 194
6.2　云平台工作流 197
　　6.2.1　GitFlow 与版本管理 199
　　6.2.2　WebHook 与自动构建 201
6.3　持续集成与持续交付 203
6.4　总结 205

第 7 章　前端工程化的未来 206

7.1　前端工程师未来的定位 206
　　7.1.1　不只是浏览器 207
　　7.1.2　也不只是 Web 208
7.2　前端工程化是一张蓝图 209
7.3　总结 212

第 1 章 前端工程简史

前端工程化这个概念在近两年被广泛地提及和讨论，究其原因，是前端工程师所负责的客户端功能逻辑在不断复杂化。如果说互联网时代是前端工程师的舞台可能有些夸大其词，但前端工程师绝对撑起了互联网应用开发的"半壁江山"。传统网站、手机应用、桌面应用、微信小程序等，前端工程师已经不是几年前被谑称的"切图仔"了。以往的"写 demo，套模板"模式已经严重拖累了前端开发以及整体团队的开发效率。在这样的时代背景下，前端工程化便应运而生了。

在本章中，我们首先讨论当前市场环境下对前端工程师的技能要求是什么，以此为前提探讨前端开发以及前后端协作开发中有哪些问题需要从工程化的角度解决。随后，沿着前端工程化从无到有的进化历程，了解前端工程化带给前端开发模式的改革和效率的提升，从而总结出前端工程化应有的形态。最后结合作者的经验，讲述如何以 Node.js 为底层平台、以 webpack 为构建体系核心打造一套完整的前端工程解决方案。

本章主要包括以下内容。

- 前端工程师的基本素养。
- Node.js 带给前端的机遇和挑战。
- 前后端分离的必要性和基本原则。
- 前端工程化的进化历程和基本模式。
- 最流行的构建工具之一：webpack。

1.1 前端工程师的基本素养

在讨论前端工程化之前，首先需要弄清楚什么是前端工程师。前端工程师是被人误解的工作很简单的"切图仔"，还是包揽客户端和中间层的"大前端"呢？招聘市场上有大量的公司对前端工程师求贤若渴，但同时求职市场上也有大量的前端工程师在"求职若渴"。造成这种两难局面的原因是，用人单位与求职者对前端工程师的技能需求以及定位存在差异。

应该怎么定位前端工程师这个岗位？下面让我们从前端的发展历史中找出答案。

1.1.1 前端工程师的发展历史

1990 年，Tim Berners Lee 发明了世界上第一个网页浏览器 WorldWideWeb。1995 年，Brendan Eich 只用了 10 天便完成了第 1 版网页脚本语言（也就是目前我们所熟知的 JavaScript）的设计。在网络条件与计算机设备比较落后的年代，网页基本是静态的。对网页脚本语言功能的最初设想仅仅是能够在浏览器中完成一些简单的校验，比如表单验证。所以网页脚本语言的特点是：功能简单、语法简洁、易学习、易部署。那个年代的 Web 应用是重服务器端、轻客户端的模式，Web 开发人员以服务器端开发为主，同时兼顾浏览器端，没有所谓的前端工程师。

2005 年，AJAX 技术的问世令静态的网页"动"了起来，异步请求和局部刷新彻底改变了网页的交互模式。同时，网络速度与个人计算机的普及给网站带来了更多用户，用户对网站的需求也越来越多。需求与技术的同步增长让早期的重服务器端、轻客户端的天平向客户端有所倾斜，也就是从那个时候开始出现了第一批专职的前端工程师。这批前端工程师相对于服务器端工程师的优势主要体现在对交互与 UI 的敏感度和专业度上。所以第一批前端工程师中有很大一部分是设计师出身，导致前端工程师们有了一个很不相称的称谓：美工。但不可否认的是，第一批前端工程师主要负责的是 CSS 与 HTML 的开发，虽然有了 AJAX 技术，但受限于 JavaScript 引擎的性能，浏览器端的功能逻辑仍然十分简单。

2008 年，Google 推出了全新的 JavaScript 引擎 V8，采用 JIT（实时编译）技术解释编译 JavaScript 代码，大大提高了 JavaScript 的运行性能。随后，Netscape 公司的 SpiderMonkey 和苹果公司的 JavaScriptCore 也紧随 V8，加入了 JavaScript 引擎的性能追逐战。JavaScript 引擎性能的提升让许多早期不能在浏览器端实现的功能得以实现，浏览器能够承载几千行甚至几万行的逻辑，Web 应用服务器端与客户端的天平再次向客户端一方发生倾斜。业内开始提倡 REST（Representational State Transfer，具象状态传输）风格的 Web 服务 API 与 SPA（Single Page Application，单页应用）风格的客户端。前端工程师承担起了客户端的交互、UI 和逻辑的开发，工作职责进一步加重。

2009 年，Node.js 的问世在前端界引发了轩然大波。Node.js 将 JavaScript 语言带到了服务器端开发领域，截止到目前，业内已经有很多公司将 Node.js 应用到企业级产品中。虽然 Node.js 仍然没有像 PHP、Java 等传统服务器端语言一样普及，但由它引发的 "大前端" 模式已经在 Web 开发领域中蔓延。Node.js 对前端生态的促进，以及对同构开发的支持是 PHP、Java 等语言远不能比及的，本书所探讨的前端工程方案便是以 Node.js 为底层平台实现的。"大前端" 模式下的前端工程师跨越了之前浏览器与服务器端之间看似难以逾越的鸿沟，踏入了 Web 服务器端开发领域。

1.1.2　前端工程师的技能栈

从最初的重交互/UI，轻 JavaScript 的开发模式，到交互、UI、逻辑一把抓，再到 "大前端" 的服务器端、客户端全掌控，前端工程师的工作内容和工作职责不断扩宽。从前端工程师的发展历史中，我们可以总结出前端工程师的技能栈。

- **硬技能**：HTML/CSS/JavaScript。这 3 项是前端工程师从蛮荒年代发展至今从未脱离的核心技术。
- **软技能**：用户体验。用户体验是 Web 产品吸引用户的第一道菜，也是前端工程师工作产出的重点。
- **扩展技能**：Node.js。并非特指 Node.js 本身，而是 Node.js 所代表的 Web 服务器端知识。即使你不是一个 "大前端"，了解 Web 产品的运行原理也是一个前端工程师必备的素养。

1. 硬技能——HTML/CSS/JavaScript

这3项俗称"前端工程师的三把刷子",是前端工程师必须掌握的3项核心技能。其实将 HTML/CSS 与 JavaScript 放在一起讨论并不合适,HTML 和 CSS 作为标记类语言,只有在浏览器环境或者类浏览器环境下才会被识别解析,所以可以认为这两者是 DSL(Domain Specific Language,领域特定语言);而 JavaScript 与 HTML/CSS 的性质不同,虽然不如 C++、Java 等高级语言那样严谨,但其本质上是一门编程语言。同其他编程语言一样,对于 JavaScript,掌握其语法和特性是最基本的。但上面这些只是应用能力,最终考量的仍然是计算机体系的理论知识。所以,数据结构、算法、软件工程等基础知识对于前端工程师同样重要,这些知识能够决定一个前端工程师的上限。

HTML/CSS/JavaScript 这三者只是统称,代表着前端工程师能力的3个方面。三者相互耦合,并非独立。比如 CSS 必须与 HTML 配合、JavaScript 逻辑须借助 HTML 和 CSS 直观地展示给用户。任何一项都是一个庞大的技能树,可以细分出很多子技能。对于 HTML,要掌握各个标签的合理使用和基本的 Web API。对于 CSS,要在理解各属性的工作模式的前提下能够综合使用,给出合理的解决方案;并且由于浏览器的差异,还必须掌握必要的 hack 方案。虽然这些 hack 方案最终都会被历史的尘埃掩埋,但目前[1]我们仍然无法避免兼容性问题。对于 JavaScript,与其他任何一门编程语言一样,除要求掌握基本的语法,有基本的应用编程能力以外,还必须具备良好的抽象能力以及架构能力。

2. 软技能——用户体验

除了以上提到的"硬技能"外,前端工程师还必须掌握一项"软技能",即用户体验。

---

1 本书的编写日期为 2017 年。

前端工程师的产出是直接面向用户的，良好的用户体验是一个 Web 产品的基本要素。这里的用户体验并非指的是交互方案和视觉设计，当然这些也是用户体验的一部分。此处我们讨论的用户体验包括但不限于以下几点。

- 保证内容的快速展现，减少用户等待时间。
- 保证操作的流畅度。
- 如果是移动设备，应尽量减少设备的耗电量。

上述几点总结起来其实就两个字：性能。如果说按时完成了业务的所有需求是保证了"量"，那么提升产品的性能就是保证了"质"，两者缺一不可。

JavaScript 设计之初最经典的应用场景是表单验证。比如，一个需要验证用户名和密码的表单，用户没有输入任何内容就单击"发送"按钮，仍然会发送一个请求到服务器端进行验证。这在今天的网络技术下没什么大不了，但在网络速度慢而且上网费用昂贵的年代，这样的代价是非常巨大的，并且用户必须等待服务器端处理后才能得到反馈。JavaScript 在浏览器发送请求之前验证内容的有效性，避免一次无效的请求，既减轻了服务器端压力，节省了成本，又减少了用户等待时间，提升了用户体验。可见 JavaScript 设计的初衷便将用户体验作为重要的考虑因素。

在现今社会的快节奏下，用户对于产品的需求也倾向于快速化：快速展现、快速迭代。用户不想为了看一条新闻而去下载一款新闻软件，他们希望打开网站即可快速查看。Web 产品本身就具备快速的基因，性能优化的最终目标也是保证"足够快"。所以，前端工程师不仅要求熟练地使用基本的开发技能，还必须具备性能优化的意识和技能。

> 小贴士：你可能会产生疑问：学习能力不算软技能的一种吗？这是因为学习能力是任何岗位都必须具备的软技能之一，并不是专属于前端工程师的软技能。

3. 扩展技能——Node.js

将 Node.js 定位为扩展技能，并非指的是 Node.js 本身，而是以 Node.js 为代表的 Web 服务器端知识。前端工程师掌握 Web 客户端的相关知识是基本要求，欠缺的是对 Web 服务器端的了解。虽然并不是每个前端工程师都是"大前端"，并且让前端工程师编写不熟悉的服务器端逻辑也并不十分恰当，专业的事应该由专业的人负责，但这并不意味着前端工程师不需要熟悉服务器端的理论知识。了解 Web 应用从前到后的工作流程和整体架构模型，有助于前端工程师编写更合理的客户端逻辑，以及对产品出现的问题及时定位。

综上所述，一个合格的前端工程师应该掌握的技术栈可以用图 1-1 概括。

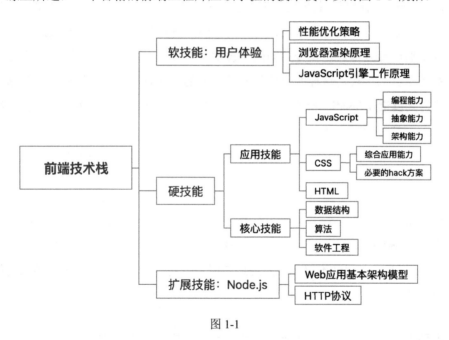

图 1-1

前端工程师是承载用户层所有功能的资源产出者，不仅是客户端最终呈现给用户的 HTML/CSS/JavaScript 等资源成品，而且还包括这些资源从零开始到最终产出的生产流水线所涵盖的所有环节。请读者时刻谨记前端工程师的定位，这是本书讨论的前端工程化的重要前提。

1.2 Node.js 带给前端的改革

1.2.1 前端的两次新生

Brendan Eich[1]可能也没有想到 JavaScript 这门第 1 版只用了 10 天便完成设计的脚本语言在今天会如此流行。JavaScript 目前不仅可以开发传统的 Web 站点，而且还跨足了手机 App、小程序、物联网等开发领域。JavaScript 经历过两次革命性的突破，这两次突破也带给了前端两次新生。

1. 第一次新生：AJAX

AJAX 技术起步于微软 Outlook 的 XMLHTTP 组件，微软将其作为 ActiveX 组件的一部分加入 Internet Explorer 5。随后，其他浏览器厂商，包括 Mozilla、Safari、Opera 等，实现了一个同样功能的 JavaScript 对象——XMLHttpRequest。微软是 AJAX 技术的布道者，Google 的进一步推广将其带到了普通民众眼前。人们惊叹于 Google 地图、Gmail 等 Web 应用程序绝佳的用户体验。Jesse James Garrett[2]在 2005 年 2 月 "Ajax: A New Approach to Web Applications" 一文中正式提出了 "AJAX" 一词，并一直沿用至今。随后，W3C 在 2006 年正式发布了 XMLHttpRequest 规范草案。

AJAX 技术可以实现异步请求和局部刷新，彻底改变了传统 Web 站点的交互模式。Web 不仅是供静态展示的网站，而且是一种由浏览器展现、资源寄存于 Internet 的应用程序。以此为契机，Web 开发者开始在 AJAX 技术的基础之上探索和开发更加丰富的功能和优雅的用户体验。与此同时，用户对 Web 应用的需求也不断提高，这间接推动了 Web 技术的发展。

这是 AJAX 技术带给前端的第一次新生。

---

1 Brendan Eich 是 JavaScript 语言的发明者。
2 Jesse James Garrett：https://en.wikipedia.org/wiki/Jesse_James_Garrett。

2. 第二次新生：Node.js

2009 年第 1 版 Node.js（只支持 Linux 和 Mac OS X 系统）的发布是值得铭记的里程碑。Node.js 的作者 Ryan Dahl 设计 Node.js 的灵感来自 Flickr（一个提供网络图片服务的平台）上的一个上传进度条，浏览器为了能够获取上传文件的进度而不得不频繁地向服务器发起查询请求。与这种方式相比，如果服务器能够在文件上传完毕之后主动推送一条消息给浏览器的话，会节省很多浏览器和网络资源消耗。这种理念便是 Node.js 实现异步操作的核心 Event Loop（事件驱动）的雏形，如图 1-2 所示。

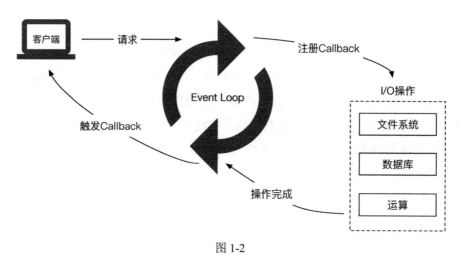

图 1-2

2011 年，Node.js 发布了支持 Windows 系统的版本，Node.js 在 Web 开发界进一步流行起来。在此之前的十几年内，JavaScript 一直被认为只能在浏览器里耍点小把戏。即便 AJAX 技术彻底改变了网站的交互模式，JavaScript 也仍然未脱离浏览器这个"宿主"。Node.js 带来的改革不仅仅是让 JavaScript 进入了服务器端开发领域，更重要的意义是丰富了 JavaScript 的生态。JavaScript 能做的事情越来越多，业内泛起了 JavaScript 学习潮，这在一定程度上加速了 ECMAScript 规范的迭代。

这是 Node.js 带给前端的第二次新生。

> 小贴士：随着用户对 Web 应用的期待越来越高，承载 Web 应用的浏览器也"被迫"加速了发展，尤其是 JavaScript 引擎。在 AJAX 技术问世之前，JavaScript 引擎只要能够稳定运行几十行 JavaScript 代码即可，但是如今 Web 应用的 JavaScript 代码已经远远超过这个量级，动辄几百上千行。2008 年，Google 推出了全新的浏览器 Chrome，搭载代号为 V8 的 JavaScript 引擎。V8 引擎采用实时编译（JIT）技术将 JavaScript 代码编译为机器码执行，大大提高了 JavaScript 代码的运行效率。Node.js 便是使用 V8 引擎执行 JavaScript 代码的。

1.2.2 Node.js 带来的改革

Node.js 并非一个 JavaScript 框架，而是一个集成了 Google V8 JavaScript 引擎、事件驱动和底层 I/O API，并且可使用 JavaScript 语言开发服务器端应用的运行环境。与 PHP 不同的是，Node.js 可以直接提供网络服务，不需要借助 Apache、Nginx 等专业的服务器软件。虽然并不建议在生产环境下直接将 Node.js 服务暴露给用户，但是 Node.js 这种特性可以让我们更方便地开发各种工具，比如将在后续章节中讲解的前端工程化方案中本地服务器的搭建。

1. 服务器端开发

Node.js 作为服务器端平台已经逐步被国内外公司和团队接纳。2015 年 10 月，著名的开源博客系统 WordPress 发布了使用 Node.js 重写的 4.3 版本。许多企业（国内的，比如阿里巴巴、美团等；国外的，比如 IBM、LinkedIn、GoDaddy 等）对 Node.js 也均有不同程度的使用。虽然 Node.js 尚未威胁到 PHP、Java 等传统 Web 服务器端语言的地位，但 Node.js 的事件驱动和异步 I/O 机制，以及其易学习、易部署和对前端工程师天然的语言共通性，让其成为实时应用、微服务以及前端工程化等应用场景的最佳技术选型之一。

2. 同构 JavaScript

Node.js 在使用 JavaScript 语言开发 Web 服务器端平台的同时，还提高了同构 JavaScript 开发的可行性。

同构（isomorphism）一词是数学领域的专业术语，指的是数学对象之间属性或者操作关系的一类映射。数学中研究同构的主要目的是为了把数学知识应用于更多不同的领域，同理，在 JavaScript 开发领域研究同构的主要目的也是为了将这门编程语言应用于不同的开发领域。同构 JavaScript 的概念最早由 Airbnb 工程师 Spike Brehm 提出，简单讲就是令 JavaScript 编写的代码既可以在浏览器端工作，也可以在服务器端工作，如图 1-3 所示。这意味着服务器端和浏览器端都可以承载网页的渲染工作。

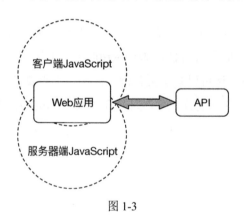

图 1-3

传统网站的渲染流程是由浏览器主动发起请求，然后服务器端生成 HTML 文档后发送响应给浏览器，浏览器接到响应后将 HTML 文档渲染为可视网页。这是自浏览器发明以来就沿用至今的渲染流程。这种工作模式的优点是节省客户端资源，在客户终端设备以及浏览器性能普遍比较落后的情况下能够保证良好的渲染效果，并且服务器端渲染的网页更利于 SEO（Search Engine Optimization，搜索引擎优化）。而其缺点是每访问一个页面都要发起请求，每个请求都需要服务器进行路由匹配、数据库查询、生成 HTML 文档后再发送响应给浏览器，这个过程会消耗服务器的大量计算资源，如图 1-4 所示。

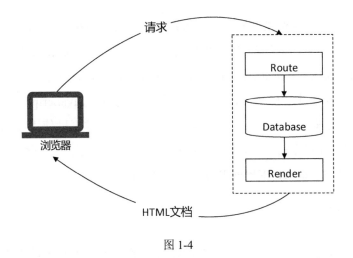

图 1-4

随着个人终端设备和浏览器性能的不断提升,Web 开发者尝试将渲染以及路由工作交给客户端,服务器端 RESTFul API 只提供渲染 HTML 所需的 JSON 数据。这种形态的 Web 应用被称为 SPA(Single Page Application,单页应用)。SPA 有以下优点。

- 减轻了服务器的资源消耗。
- 与 HTML 文档比起来,JSON 数据的体积小很多,减少了网络请求的时间消耗。
- 页面路由控制更快速灵活。
- 可以离线使用。

同时 SPA 也带来了新问题。首先,浏览器需要等待 JavaScript 文件加载完成之后才可以渲染后续的 HTML 文档内容,用户在等待的过程中页面是空白的,这就是我们在进行 Web 产品性能评估时经常谈到的"白屏时间";其次,由于客户端和服务器端编程语言不同,可能会存在一些诸如数据格式的差异,甚至路由逻辑冲突,比如 vue-router history 模式的路由,这些问题增加了维护难度;最后,SPA 不利于常规的 SEO(搜索引擎优化)爬虫(之所以说常规是因为 Google 已经针对 SPA 进行了 SEO 优化,但是目前国内的搜索引擎对 SPA 的支持并不理想)。

与传统的服务器端渲染模式和客户端渲染的单页应用相比，同构 JavaScript 拥有更好的性能、可维护性以及对 SEO 更好的支持。同构 JavaScript 的理念类似于 Java 秉承的"Write once, run anywhere"，JavaScript 除命名以外终于又跟 Java 扯上了关系。Node.js 是实现同构 JavaScript 开发的关键。一方面，JavaScript 在浏览器环境下可以执行渲染工作；另一方面，Node.js 运行环境下同样可以使用 JavaScript 创建 HTML 字符串。在这个前提下，JavaScript 开发生态中浮现了一大批支持同构开发的框架和库，比如 Facebook 推出的 React.js 和国内的 Vue.js。

3. 前端工具

除了服务器端开发外，Node.js 对前端最大的贡献是丰富了前端工具生态。在 Node.js 出现以前，没有 Grunt、Gulp、webpack 等便捷且强大的工具，压缩合并 JavaScript、CSS 代码对于前端工程师来说是一项非常艰难的任务。前端工程师不得不使用不熟悉的语言、工具来处理静态文件的压缩合并。而这些工具往往并不是为了处理静态文件的，比如 Apache Ant。使用 Ant 处理静态文件可以说是杀鸡用了牛刀，而且这把牛刀用来杀鸡还并不好使。除此之外，也可以使用 shell 脚本完成这项工作，但对于并不擅长编写 shell 脚本的前端工程师来说学习成本和时间成本太高，往往要麻烦团队中的服务器端工程师代写。不论哪种选择，都会对项目的开发进度产生影响。

Node.js 的出现彻底解决了这些问题。目前耳熟能详的前端工具，比如 Grunt、Gulp、webpack，无一不是由 Node.js 承载的。结合 JavaScript 的灵活性与 Node.js 提供的 API，前端工程师可以编写各种工具满足项目的开发需求。本书所介绍的前端工程化解决方案中的各个功能模块全部是由 JavaScript 语言实现的。

1.3 前后端分离

从传统网站到 SPA 再到同构 JavaScript，前端工程师的工作内容不断加重，客户端逻辑不断复杂化。原始的前后端耦合的串行开发流程已经不能满足 Web 产品快速的迭代需求，Web 开发者们开始尝试在开发、测试和部署等各个环节寻求更高效的协作方式。前后端分离似乎就是解决这个问题的"银弹"。

顾名思义，所谓前后端分离指的是通过将前端工程师与后端工程师进行明确、合理的分工，改善前后端协作中拖慢开发进度的环节，提高工作效率。前后端分离的核心是解耦。从开发、测试以及部署 3 个角度看，前后端分离对工作效率的提升如下。

- **从开发角度来讲**，前后端分离的宗旨是实现并行开发，缩短开发周期。
- **从测试角度来讲**，前后端分离令前端工程师和后端工程师更快速、精准地对问题进行定位。
- **从部署角度来讲**，前后端分离将静态文件和动态文件分离部署并结合回滚策略，简化了部署流程，增强了应用程序的健壮性。

1.3.1　原始的前后端开发模式

首先要说明此处"原始"一词背后的时代意义，那是在前端工程师这个岗位刚刚出现不久，前端工程师普遍地被称为"切图仔"或者"美工"的时代。前后端典型的协作模式是，前端工程师写 demo，后端工程师写逻辑和套模板。在这种原始的分工模式下，前端工程师的主要工作是将 UI 设计稿使用 HTML 和 CSS 进行还原，对于 JavaScript 的开发顶多是实现一些动画效果，业务逻辑基本不涉及。然后，前端工程师将开发完成的 demo 交付给后端工程师，后端工程师做的第一件工作是将 demo 代码中的 HTML 和 CSS 套入服务器模板引擎中，俗称"套模板"，而后在此基础上编写客户端的 JavaScript 业务逻辑。

这种协同工作模式下的开发效率是非常低下的。请读者想象一下，如果在进行网站的 UI 测试时发现某个 div 的 border 颜色与设计稿不符，或者某个模块的显示完全错乱了，这时应该怎么办？测试人员将 Bug 反馈给开发团队后，前端工程师对 Bug 进行排查，发现测试环境中某个 div 的 classname 写错了，或者某个 div 标签没有闭合。你可能认为这些是后端工程师套模板过程中粗心大意导致的，但是这种问题是无法避免的，人不是机器，总会有粗心大意的时候。如果一个网站有成百上千个 HTML 节点，这种人为过失导致的问题会被无限放大且非常难以排查。即使我们假设后端工程师百分之百不会粗心大意，如果发现上线后的网站样式与 UI 设计稿有 1 像素的偏差，前端工程师修改 CSS 或者 HTML 后，仍然需要后端工程师再重复一次套模板工作，完成后再提交测试。我们会发现，这种 1 像素的 Bug 修复需要调动整个开发团队（包括前端工程师和后端工程师）资源。这种模式在前些年非常普遍，而且很不幸的是，至今国内仍然有相当一部分团队使用这种原始的协作模式。

这种原始的前后端协作模式之所以在前些年比较普遍，一是因为当时客户端的逻辑并不十分复杂，JavaScript 逻辑交给后端工程师就可以了，不需要专业的前端工程师。事实上，当时有相当一部分写 demo 的工作是交给 UI 设计师负责的，当然需要一些专业工具辅助，比如 Adobe 的 DreamWeaver；二是因为当时网站的迭代需求并不像如今这么快，没有频繁的更新也就不需要特别高效的生产流水线。但是在如今的市场环境下，一方面 Web 应用的迭代效率是争取用户的必要手段之一；另一方面，前端技术的快速发展已经超越了后端工程师的能力范畴，必须由专职的前端工程师负责。在这种环境下，原始的前后端开发模式的弊端被进一步地放大了，前后端分离便应时而生了。

1.3.2　前后端分离的基本模式

合理的分工是前后端分离的第一步，也是后续各种优化方案的基础。团队人员按职能分为前端工程师和后端工程师，按照 1.1 节总结出的前端工程师的定位，前端工程师负责的内容包括以下几方面。

- CSS 以及相关的图片等媒体资源。
- JavaScript 逻辑。
- HTML 文档，包括产出 HTML 的源文件，比如 HTML 模板。

对于前端工程师来说，后端工程师的唯一产出就是数据，包括用于服务器渲染 HTML 模板的初始数据和客户端异步请求接口返回的数据。

明确了各自的分工后,我们分别从开发、测试和部署 3 个方面分析前后端分离要解决哪些问题。

1. 开发

开发阶段前后端分离要解决的问题可以按照资源类型分为两种:静态资源的处理和动态资源的处理。

静态资源指的是 JavaScript、CSS、图片等,这类资源在浏览器的呈现方式是静态的,不需要服务器做任何处理。动态资源指的是 HTML 模板,除非你的项目不需要任何服务器端渲染的 SPA,否则我们仍然不可避免地要处理前后端最难解耦的 HTML 模板。

静态资源的处理相对简单,因为这类文件不依赖任何服务器环境,只要最终在浏览器里解析即可。HTML 模板的处理方案可以按照项目类型分为以下几种。

1)SPA 项目。这类项目中不存在 HTML 模板的概念,所有的 HTML 实体内容均由 JavaScript 在浏览器下生成。所以 SPA 项目中可以将 html 文件作为静态文件处理。

2)HTML 模板由服务器端部署的项目。这类项目最终的 HTML 模板需要与服务器端代码一同打包部署。由于静态文件必须由 HTML 引入,为了避免"套模板",开发阶段前端工程师直接编写 HTML 模板更有利于快速开发和问题定位。

3)大前端项目。这类项目中前端工程师负责与客户端相关的所有文件,包括静态文件与 HTML 模板,这是最理想的模式。

可以看出不论是 SPA 还是大前端,开发阶段的前后端分离都比较容易实施。但我们不得不面对的一个现实是,目前国内的 Web 产品绝大多数是第二种项目类型。这也是最难以实现完全前后端分离的项目。

> **小贴士**：之所以称为"大前端"而不是"全栈工程师"是因为大前端通常不接触数据库操作。大前端负责的并不是真正的 Web 服务层，而是中间层。中间层的作用主要解决的就是 HTML 的渲染，这也是为了实现前后端分离而探索出的一个模式。

对于 HTML 模板由服务器端部署的项目，前后端分离要解决 3 个问题。

1）HTML 模板引擎的支持。

2）HTML 模板的初始数据。

3）各种异步数据接口的数据。

HTML 模板引擎种类繁多，并且根据服务器端编程语言的不同，部署难度也不尽相同。易部署的如 PHP、Node.js、Python 等，稍难部署的如 Java、.NET 等。目前的市场情况较之前有了比较明显的改善，Node.js 的不断改进已经令很多初创团队选择 Node.js 作为 Web 服务的编程语言。并且成熟的团队通常都有中间层，Java 承载着大后端数据服务，中间层使用易部署的编程语言，比如 PHP、Node.js 和 Python。

HTML 模板的初始数据和异步接口的数据都可以用 Mock 服务解决。前后端开发人员在编写代码之前约定好接口的请求规范和数据结构。开发期间，前端工程师按照规范使用 Mock 服务提供的模拟数据进行开发。Mock 服务处理 HTML 模板的初始数据和异步接口数据稍有不同，HTML 模板数据需要在服务器端渲染使用，在 MVC 架构模型中，这类数据通常由 Controller 提供给 HTML 模板引擎。在非大前端模式下，前端工程师如果不想花费时间与精力编写模拟 Controller 代码，可以在构建工具上下点功夫。在渲染 HTML 模板时注入约定格式的数据即可，本书将在第 4 章详细讲解具体的实现方案。

2. 测试

测试分为两个阶段，第一个阶段是前后端工程师的单元测试，这个阶段前后端工程师的测试是独立的，各自的测试流程和结果不会影响对方；第二个阶段是集成测试，这个阶段前后端的代码进行整合，在测试环境下由专业的测试工程师进行测试用例遍历。

前后端分离首先要解决的是集成测试阶段的问题及时定位，解决方案并不是通过技术或工具，而是通过明确责任承担角色。测试工程师等同于内测用户，站在用户的角度上对产品进行使用和评估，他们反馈的问题就等同于是用户的反馈。既然是用户的反馈，那么直接责任人就应该是前端工程师。前端工程师负责所有与用户直接接触的功能和逻辑，所以有责任在出现问题时站在第一线。后端工程师的产出并不与用户直接接触，前端工程师更容易定位用户层面的问题。理想情况下，服务器端单元测试覆盖率达标并且测试通过后，接口是不应该存在逻辑性错误的。如果客户端出现因数据引起的问题，通常是因为客户端的 JavaScript 逻辑存在问题，比如一些 side effect（临界问题）没有处理好。即使服务器端的单元测试没有达到理想情况，前端工程师通过调试工具也更容易发现问题的症结。

> 小贴士：前后端分离不仅仅是通过技术手段解决问题，技术和工具只是辅助，其本质是分工和角色的细分。这恰恰是目前很多团队在进行前后端分离时容易忽略的问题。

除集成测试阶段外，前后端分离还必须兼顾产品在生产环境下的质量保障问题。目的仍然是对出现问题的及时预警和快速修复。这方面的通常做法如下：

制定客户端监控系统，收集客户端问题并及时通知开发人员。

> 小贴士：大多数团队并未将生产环境的客户端质量保障作为前后端分离的一部分。服务器端通常具备监控、预警以及应急策略，尽可能保证服务器问题的及时处理。同理，客户端也应该具备监控机制，并且由前端工程师负责。

3. 部署

前后端分离在部署阶段要解决的问题是静态资源和动态资源的分离部署。

与开发阶段类似，不同的项目类型需要制定不同的部署方案。在 3 种项目类型中，大前端模式下的部署方案是最简单的，因为前端工程师能够掌控所接触的所有资源。具体部署方案如下。

- 将 JS、CSS、图片等静态资源部署到静态文件服务器。
- HTML 模板文件与中间层的 Node.js 代码一同部署到 Web 服务器。

SPA 项目的部署方案稍微复杂一些，由于 SPA 中的 html 文件不需要在服务器端渲染，因此其理论上可以与其他静态资源一同部署到静态文件服务器。但是需要注意的一个问题是，不能令浏览器将 html 文件强制缓存到本地。如果用户之前访问过此页面，html 文件被浏览器强制缓存到本地，那么即使开发人员更新了 html 文件，也会由于浏览器的缓存策略而无法获取最新版本的资源。除非用户手动清除浏览器缓存，而这显然是不可行的。解决这个问题的办法有两种，分别如下。

1）分别为 html 文件与其他静态资源设置不同的缓存策略。html 文件可以使用协商缓存策略（浏览器 HTTP 请求返回状态码 304），其他静态资源使用强缓存策略（浏览器 HTTP 请求返回状态码"200（from cache）"。关于这两种缓存策略的详细内容本书会在第 3 章介绍。

2）使用一刀切的方案，所有静态资源均使用协商缓存策略。

第一种方案不论是从客户端性能、用户体验，还是从服务器端压力的角度来讲都优于第二种。具体实施也不是很麻烦，Apache、Nginx 等专业服务器软件都可以针对文件扩展类型设置不同的缓存策略。

最麻烦的是第二种项目，也就是 HTML 模板由服务器端部署，并且前端工程师不负责中间层或者服务器端开发的项目。这类项目通常的部署方案如下。

- 静态资源部署到静态文件服务器。
- HTML 模板文件编写完成之后由前端工程师通过 SVN、Git 等版本管理工具同步到代码仓库，后端工程师拉取最新代码后，将模板文件与服务器端逻辑代码一同部署。

静态资源和动态资源分离部署的优点是：在集成测试阶段，对于只涉及一方（前端或者后端）的 Bug，相关负责人修改代码后独立进行部署即可，不需要另一方再行部署。比如 CSS 样式出现问题，前端工程师修改 css 文件后部署到静态文件服务器，不需要后端工程师再部署一次服务器端文件即可在浏览器刷新后获取修复后的文件。当然，这个优点只是针对测试阶段，因为大部分公司供测试使用的静态文件服务器是不设置客户端缓存的，这样可以保证测试环境下每次访问网站都能拿到最新的资源。但是在生产环境下必须使用浏览器缓存，所以修复生产环境的问题必须按照上述部署策略进行重新部署。本书第 5 章将介绍具体的部署方案。

1.3.3　前后端分离与前端工程化

前后端分离策略是制定前端工程化解决方案的指导方针之一；前端工程化的最终目的之一便是实现更合理、更便利的前后端分离开发环境。两者相互依赖、紧密耦合在一起。如果将前后端分离策略比喻成建筑设计图，那么前端工程化方案就是按照这张设计图进行具体建设的。在前端工程化这栋建筑平台上，前端开发人员和服务器端开发人员可以更顺畅、更高效地进行开发工作。

1.4　前端工程化

虽然前端工程化是最近几年才兴起的一个方向，但工程化并不是一个新词。前端工程师普遍不熟悉的其他开发领域很早就具备了高度的工程化，比如 Web 服务器端开发。在前端业务逻辑比较简单的年代，前端资源通常作为服务器端资源的一种"附属品"，Web 开发者没有意识到且也没有必要为前端制定专门的工程化方案。前端需求和逻辑的不断加重是催生前端工程化的环境因素，前端相关技术、规范和工具的发展是前端工程化得以实施的必要前提。

1.4.1 前端工程化的衡量准则

前端工程化的主要目标是解放生产力、提高生产效率。通过制定一系列的规范，借助工具和框架解决前端开发以及前后端协作开发过程中的痛点和难点问题。

1.3 节我们从开发、测试和部署 3 个角度分析了前后端分离对于工作效率的提升，既然前后端分离是前端工程化方案的指导方针，这三者也就成为衡量前端工程化方案是否合格的重要因素。具体的衡量标准就是我们常说的 3 个字：快、准、稳。

1. 从开发角度衡量工程化主要体现在"快"。

开发速度是 Web 产品迭代最迫切提升，也是催生开发人员与产品经理、项目经理以及测试人员之间矛盾的主要因素，自然也是衡量前端工程化方案最直观、最明显的标准。工程化方案的核心目标之一就是在保证质量的前提下，尽可能提高产品的开发速度。

2. 从测试角度衡量工程化主要体现在"快"和"准"。

测试的"快"体现在前端工程师和服务器端工程师并行开发完成之后的集成测试阶段。1.3 节从测试角度分析前后端分离时提到了完备且合理的单元测试通过后，集成测试阶段是不应该存在逻辑性错误的。但人不是机器，不可能考虑得面面俱到。从这个角度考虑，工程化要解决的就是尽量减少低级的逻辑错误，降低集成测试阶段消耗的时间成本。

测试的"准"体现在集成测试阶段对问题的准确定位。1.3 节我们提到了，工程化不仅仅是冷冰冰的工具和平台，同时也需要严格的分工制度。通过明确责任人，对测试出现的问题进行快速准确的定位。

3. 从部署角度衡量工程化主要体现在"稳"。

部署是一个完整迭代周期的最终阶段。经历了漫长的开发和测试，团队中的所有成员都希望自己的产品能够第一时间完美无误地出现在用户面前。部署并不是简单地把文件"放到"线上就可以了，还需要考虑用户客户端的缓存是否影响了新版本的展现、考虑测试用例没有覆盖 100%情况下的危机处理、考虑不同地区开放不同版本等。如果你想将 Web 产品稳稳地呈现给用户，部署环节必须把好最后也是最关键的一关。

1.4.2　前端工程化的进化历程

市场需求和技术的发展在不断地改变 Web 产品形态，在前端工程师的工作内容不断变化的过程中，前端工程化的形态也一直都在变化着。

1. 混沌形态

我们不妨将这种"前端写 demo，后端写逻辑、套模板"的开发模式称为"混沌形态"。这种形态的时代背景是 Web 产品的逻辑和交互普遍比较简单，前端工程师这一专业岗位刚刚兴起，但是负责的工作仅仅是样式以及部分动画逻辑。前端工程师与后端工程师之间的协作是串行的，如图 1-5 所示。

混沌形态下前端工程师的产出资源除了 CSS 外，均需要后端工程师进行二次处理后才会上线，甚至有时候连 CSS 都需要二次处理，比如行内样式。这种形态下是没有前端工程化可言的。

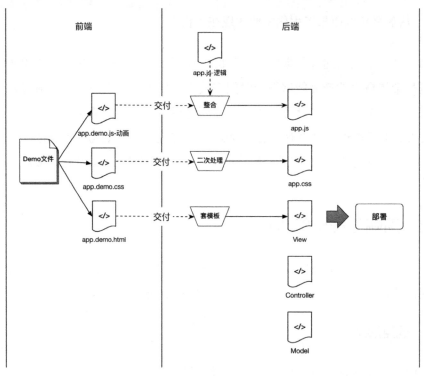

图 1-5

2. 前后端分离形态

催动前端开发第一次进化的关键技术是 AJAX。AJAX 技术的问世不仅改变了 Web 页面的交互模式，也间接提高了用户对 Web 产品的需求，从而促进了前端逻辑的不断复杂化。服务器端工程师负责前端逻辑开发的混沌形态被打破，因为服务器端逻辑本身便具备高度的复杂度，再加上复杂的前端逻辑，自然不堪重负。所以，工程师开始思考改变原有的分工模式：前端逻辑、样式和 HTML 全部交由前端工程师开发。这是催生前端工程化萌芽的关键一步，此时的协作流程如图 1-6 所示。

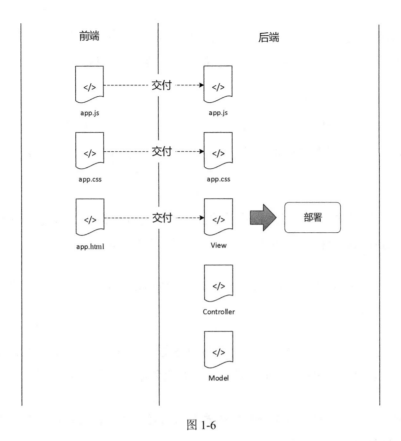

图 1-6

在这种分工模式下，省去了后端工程师对 JavaScript 代码的整合以及对 CSS 代码的二次处理工作，从一定程度上提升了维护和迭代的工作效率。但是因为静态资源与动态资源一同部署，所以仍然难以避免必要的人工交付流程。

我们设想一下将这种分工模式带入当前时间节点，这时开发过程中会遇到哪些问题。

1）我们想使用最新的 ECMAScript 规范进行开发，但是受限于浏览器实现不理想，上线前需要使用特殊工具转译为浏览器支持的语法。

2）我们受够了 CSS 的弱编程能力，想使用 LESS/SASS 等预编译语法或者 PostCSS 自动处理 hack。但是浏览器不支持，上线前需要使用特殊工具进行编译转换。

3）本地开发环境下静态资源的引用 URL 都是本地相对地址，上线前要修改为真实的 URL。手动修改非常烦琐，需要借助工具完成。这种功能通常被称为资源定位。

4）考虑产品的性能，上线前需要将 JS、CSS、图片等资源进行压缩，需要使用 CSS Sprites，甚至需要将小体积图片通过 base64 格式内嵌，这些都需要借助于工具实现。

5）模块化开发能够提高 Web 产品的性能和源代码的维护效率，散列的模块在上线前需要进行依赖分析与合并打包，需要借助于工具实现。

6）编写 JavaScript 逻辑代码时如果需要与数据接口交互，则依赖于服务器端接口 API 的完成进度。

7）静态文件（JS、CSS、图片等）与动态文件（HTML 模板）仍然存在于同一项目中，所以前端工程师产出的文件仍然需要服务器端工程师进行部署。

> **小贴士**：此处列出的只是一些比较典型的问题，并未覆盖前后端开发以及协作过程中的全部问题。

将上述问题进一步划分：前 5 条因为不存在前后端的耦合，可以归类为前端开发层面的问题；第 6 条属于前后端协作的问题；第 7 条属于部署的问题。细化分类后的问题列表如下。

- 开发层面
  - ES 规范与浏览器兼容性不一致。
  - CSS 的弱编程能力。
  - 资源定位。
  - 图片压缩/base64 内嵌/CSS Sprites。
  - 模块依赖分析和压缩打包。

- 协作层面
  - ✗ JavaScript 部分逻辑依赖接口 API。
- 部署层面
  - ✗ 部分资源需要借助后端工程师部署。

笔者相信大多数一线开发者最迫切要解决的问题普遍集中在开发层面。在开发层面问题的描述中反复提到一个词——工具。开发者采用各种各样的专业工具解决对应的需求，比如使用 Babel 进行 ES 规范的转译、使用 LESS/SASS 编译工具进行预编译语法转译、使用 r.js 解决 AMD 模块的压缩打包等。将所有工具的功能进行整合并统一为规范的工具栈（请注意不是将工具整合，而是将功能整合），这就是前端工程化的第一步：构建。

第一步：加入构建流程

引入构建后的工作流程如图 1-7 所示。

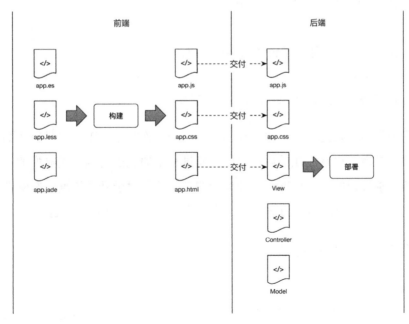

图 1-7

构建流程可以确保前端工程师能够使用有助于提高开发和维护效率的框架、规范进行源代码的编写，比如使用 ECMAScript 6/7 规范编写 JavaScript、使用 LESS/SASS 等预编译工具编写 Style、使用 AMD/CommonJS 等模块化方案进行模块化开发等。此外，构建还具备图片压缩、自动生成 CSS Sprites 等功能，进一步减少了烦琐的人工操作。

前端工程化进化到第一步后解决了开发层面的问题，会提高前端工程师的开发效率，但是仍未触及协作以及部署层面。

- 开发层面
  - ✓ ES 规范与浏览器兼容性不一致。
  - ✓ CSS 的弱编程能力。
  - ✓ 资源定位。
  - ✓ 图片压缩/base64 内嵌/CSS Sprites。
  - ✓ 模块依赖分析和压缩打包。
- 协作层面
  - ✗ JavaScript 部分逻辑依赖接口 API。
- 部署层面
  - ✗ 部分资源需要借助后端工程师部署。

构建流程的加入提高了前端工程师单方面的工作效率，下一步是思考如何提高整体团队的效率，也就是在前后端协作开发过程中遇到的问题。最典型的就是前端逻辑依赖后端接口的实现进度，这种串行的工作流程对于开发进度的影响是非常大的。所以，接下来首当其冲的便是解决前后端工程师并行开发的问题。

第二步：加入本地开发服务器

本地开发服务器并不是工具，而是一个真正意义上的 Web 服务。本地服务器最典型的应用是 Mock 服务，通过提供模拟接口和数据解决前端 JavaScript 对数据 API 的依赖问题，从而实现前后端并行开发，前提是前后端工程师在进入开发阶段之前需要协商制定接口 API 的详细规范。

对于一些有云 Mock 服务器的团队来讲,本地服务器甚至可以不提供 Mock 服务。但是如果项目需要 SSR（Server Side Render,服务器端渲染）并且本地服务器与服务器端使用相同的编程语言,本地服务器还应该具备 HTML 模板解析功能。这样,前端工程师负责 View 层的开发工作,后端工程师负责服务器端逻辑开发。这种模式对 Mock 服务有了额外的需求——提供服务器端渲染的页面初始数据。云 Mock 平台是无法完成此项功能的,这是本地 Mock 服务独有的优势。所以,不论项目是否需要 SSR,我们都建议将 Mock 服务集成到本地开发服务器。即使你的团队有云 Mock 服务,本地的 Mock 服务也可以使用代理模式将请求转交给云 Mock 服务。

由于所有的客户端相关资源（包括 Views）均交由前端工程师负责开发,后端工程师不需要对前端工程师产出的文件进行二次处理,只进行一次交付便可部署,因此可以使用 Git、SVN 等版本管理工具替代人工交付,对代码回滚提供了更严谨的技术支持。

此外,本地服务器与构建功能相结合,可以提供动态构建、浏览器自动刷新等功能,这进一步提高了前端工程师的工作效率。

综上所述,本地服务器须具备以下功能。

- Mock 服务。如果团队具备统一的云 Mock 平台,本地服务器可以不提供 Mock 服务。但如果需要支持 SSR,则必须提供本地 Mock 服务。
- 支持 SSR,前提是本地服务器与线上服务器使用相同的编程语言。
- 动态构建,浏览器自动刷新。

引入本地服务器后的开发流程如图 1-8 所示。

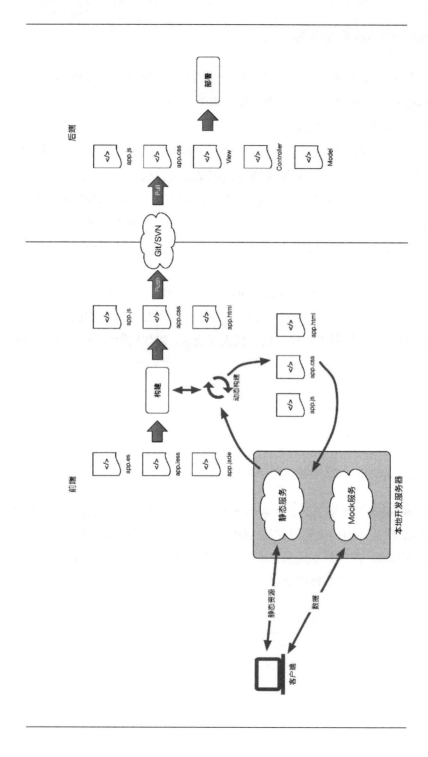

图 1-8

加入本地服务器后的问题情况如下。

- 开发层面
    - ✓ ES 规范与浏览器兼容性不一致。
    - ✓ CSS 的弱编程能力。
    - ✓ 资源定位。
    - ✓ 图片压缩/base64 内嵌/CSS Sprites。
    - ✓ 模块依赖分析和压缩打包。
- 协作层面
    - ✓ JavaScript 部分逻辑依赖接口 API。
- 部署层面
    - ✗ 部分资源需要借助后端工程师部署。

前端工程化发展到这个阶段，我们解决了开发以及协作层面的问题，留到最后的只有部署了。

第三步：静态资源和动态资源分离部署

我们设想一下这种场景：前端代码中出现了 Bug，前端工程师修复后仍需要麻烦后端工程师进行部署。前端的 Bug 有时候可以细微到像素级别，即使再小的 Bug 也需要调动前后端工程师来修复，这样的工作效率是非常低下的。所以优化部署的基本原则是，确保单方问题的修复不需要调动多方资源。具体的解决方案就是静态资源与动态资源分离部署。动静态资源的分离部署可以解耦前后端工程师的部署行为，两者可以对自身的产出进行独立部署。减少了耦合工作，就提高了迭代和维护效率。同时，动静态资源分离部署也是 Web 应用架构优化的一个必要策略。

分离部署对工作效率的提升主要体现在集成测试阶段。比如测试人员发现浏览器有样式 Bug，在前端工程师修复并将 CSS 文件部署到测试文件服务器后便可以立即进行 Bug 修复验证测试，不涉及后端工程师的工作。前提是测试所用的静态资源服务器需要设置浏览器不使用缓存或者协商缓存策略，并且静态资源的 URL 不添加版本号参数或者 hash 文件指纹,这样在静态文件更新后刷新浏览器即可请求到最新的文件,无须清理浏览器缓存。同理,只涉及服务器端代码的 Bug 修复也不涉及前端工程师的工作。

> **小贴士**:第 3 章将详细讲解不同缓存策略的区别以及各自的优缺点。

我们不妨再激进一点:将渲染 HTML 的工作全部交给前端,也就是目前业界流行的 SPA(单页应用)。前端渲染的优点如下。

- 前端掌控路由,与传统的服务器端路由相比用户体验更佳。
- 可移植、可离线使用。
- 服务器端提供的是干净的数据接口,具备高度的可复用性。
- HTML 资源作为静态资源,易于部署。
- 前端工程师与后端工程师可以使用 Git、SVN 等工具分别维护独立的源代码,无须耦合。

前端渲染的缺点是不利于 SEO(搜索引擎优化)。Google 搜索爬虫制定了针对单页应用的优化规范,国内的搜索引擎目前暂未提供类似规范。即便如此,SPA 仍然在业界被广泛使用,其主要原因是 Web 产品已经改变了原有的形态。自身功能和宿主浏览器的不断增强让 Web 产品越来越接近原生应用,对 SEO 不像以前那般依赖。另外,越来越多的 Hybrid(混合)应用占据了 APP 市场,由 WebView 承载的 Web 产品更是无须考虑 SEO 问题。

在上一阶段的前端工程化基础上,加入静态资源与动态资源分离部署功能后的前后端协作流程如图 1-9 所示。

加入静态资源与动态资源分离部署功能后,一方面提高了部署的效率,另一方面也提高了 Bug 的修复效率。需要注意的一点是,如 1.3 节所述的 html 文件必须使用协商缓存策略,便于线上资源的及时更新。我们再回顾一下上文提到的问题列表。

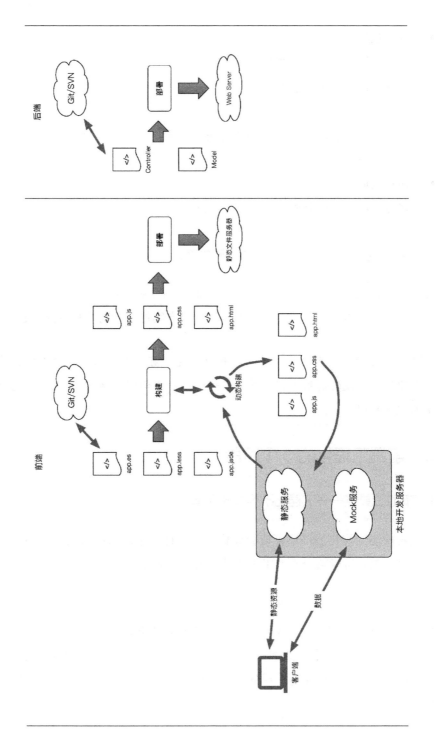

图 1-9

- 开发层面
    - ✓ ES 规范与浏览器兼容性不一致。
    - ✓ CSS 的弱编程能力。
    - ✓ 资源定位。
    - ✓ 图片压缩/base64 内嵌/CSS Sprites。
    - ✓ 模块依赖分析和压缩打包。
- 协作层面
    - ✓ JavaScript 部分逻辑依赖接口 API。
- 部署层面
    - ✓ 部分资源需要借助后端工程师部署。

前端工程化发展到这一阶段，所对应的前后端分离工作模式是目前国内绝大部分团队所采用的。本书所讨论的前端工程化解决方案便是针对这种模式搭建的。

小贴士：这种模式下的前后端分离并非完美，前后端工程师的分工也并非最合理，此阶段的前端工程化并非最终形态。我们将在第 7 章深入讨论前端工程化的理想模式。

1.4.3　前端工程化的 3 个阶段

1. 本地工具链——工程化不等同于工具化

上文对前端工程化的描述可能会令你产生这样一个念头：所谓的前端工程化不就是把一系列工具进行整合吗？工程化的核心难道就是工具化？

虽然我们的论述中反复提到了"工具"这个词，但工程化的核心并非工具。前端工程化是以规范工作流程为手段，以工具为实现媒介，其最终目的是为了提高研发效率以及保证 Web 产品的线上质量。如果给前端工程化一个明确定义的话，较恰当的定义如下：前端工程化是一系列工具和规范的组合，规范为蓝本，工具为实现。其中规范又包括：

- 项目文件的组织结构，比如使用目录名称区分源文件和目标文件。
- 源代码的开发范式，比如使用既定的模块化方案。
- 工具的使用规范，比如工程化自身的配置规范。
- 各阶段环境的依赖，比如部署功能的实现需要目标服务器提供 SSH 权限。

工具的作用是将规范具化为具体功能并且在一定程度上将开发者限定在既有规范内。前端工程化的初级阶段便是将各类工具的功能进行整合，为业务开发人员提供统一规范的工具栈。我们不妨将此阶段的前端工程化称为本地工具链形态。此形态下的所有工程化功能模块，包括构建、本地服务器、部署等，均在本地环境下工作。

本地工具链形态的工程化方案解决的问题，降低了业务开发人员学习、使用工具的成本。这个方案将复杂的功能需求全部交给工具链内部解决，你可以将这个形态的方案想象成一只拥有高度内部复杂度的"八爪鱼"，其伸出的触手是内部功能开放给业务开发人员使用的接口。

工具链的统一，另一个好处是巩固了流程的规范性，开发者使用统一的工具链、遵循统一的规范进行业务代码的编写，利于多人协作与程序的维护。

2. 管理平台——进一步淡化差异、加深规范

本地工具链形态的工程化虽然解决了前端开发以及前后端协作开发中的部分痛点问题，但由于所有的功能模块均在本地环境工作，因此必然会受到环境差异性的影响，比如操作系统类型、版本、内核等。这些因素会在一定程度上影响构建产出代码的一致性。

除环境因素的影响，本地工具链形态的工程化还存在安全性隐患。举个例子，部署功能模块负责将构建产出的文件部署到测试或者线上服务器，部署过程中必然涉及权限问题。对安全性要求不高的测试环境也就罢了，但如果人人都可以向生产环境部署文件则必然存在很大的安全隐患。所以，权限必须严格控制，这就造成本地工具链的部署模块的可用性大大降低。

讲到这里，前端工程化的下一进化形态便豁然开朗了：集中管理的云平台。管理平台形态的工程化做到了以下几点。

- 淡化环境差异性，保证构建产出的一致性。
- 权限集中管理，提高安全性。
- 项目版本集中管理，便于危机处理，比如版本回滚等。

管理平台形态将各个功能模块的执行环境集中化，从各模块实现角度来讲与本地工具链基本一致。

3. 持续集成——前端工程化的目标是融入整体

即使进化到管理平台形态，前端工程化方案所解决问题的本质仍然只是将前端工程师与服务器端工程师的工作解耦。这虽然提高了两方的工作效率，但其各自的工作流却是孤立的。前端有了构建和部署，后端也有了相应的阶段，两方的工作流是分离的，最终的融合工作仍然难以避免烦琐的人工操作。举个例子，如果需要生产环境版本回滚，前后端工程师分别对自己所维护的代码进行操作，并且必须保证回滚操作的同步性，这期间难以避免人工上的沟通。

不论前端工程化的功能如何完备，规范如何严谨，需要谨记的是，前端工程化必然是整体 Web 工作流中间的一个子集方案。前端工程化最终的完美形态，必然与整体工作流结合，作为持续集成方案中的一环。谨记这条原则可以在探索完美方案过程中少走弯路。

1.5 工程化方案架构

1.5.1 webpack

目前市场上流行的前端工具大体分为 3 类，分别介绍如下。

1. 工作流管理工具，比如 Grunt、Gulp。

2. 构建工具，比如 webpack、rollup。

3. 整体解决方案，比如 FIS、WeFlow。

FIS 是一套比较完整的前端工程化方案，它具备构建、部署、Mock 服务等基本功能，但其构建功能对于目前市场较流行的技术支持度不是很理想，需要编写插件实现。而且其生态圈不够庞大，插件数量和质量均堪忧。此外，FIS 诞生的初始目标是解决百度团队的内部需求，不论是从功能的完整度还是对编程范式的约束上，均有一定的局限性和捆绑性，比如 FIS 实现自动生成 CSS Sprites 图的功能需要开发者在代码中注入特殊标记，这在一定程度上限制了代码的可移植性。

Grunt、Gulp 之类工作流管理工具本身不提供任何具体功能，所有的构建、部署等功能均由对应的插件提供。这便于项目各环节工作流程的控制，比如构建功能可以安排首先构建 CSS 和 JS，然后构建 HTML。Grunt 和 Gulp 各自的生态圈也比较完整，但它们逐渐有了衰退之势。图 1-10 是来自 Stack Overflow Trends 的数据。

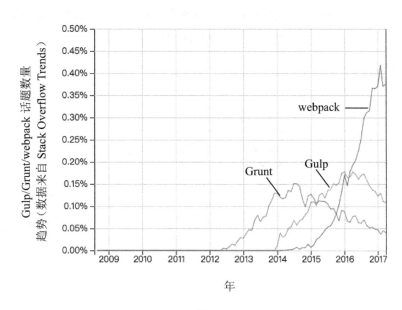

图 1-10

Grunt、Gulp 相关的讨论话题与 webpack 相比下落趋势明显。webpack 虽然是近两年才崛起的构建工具，但其迅速发展为目前最流行的构建工具之一。其生态圈的庞大程度相比 Grunt、Gulp 有过之而无不及，与 FIS 相比更是拉开了数量级的差距，而且 React、Vue 等较流行的框架对应的 webpack Loader 均是由官方或者作者本人编写的，可保证插件的质量和更新的及时性。即使生态圈没有你所需的插件，webpack 也提供了优雅的生命周期和高度扩展的 API，便于开发各类插件。此外，webpack 在提供足够多的构建功能的同时兼具性能优化，比如对构建产出文件的体积进行监控、其 v2 版本引入的 Tree Shaking 机制等。这也是我们选择 webpack 作为构建内核的原因之一。rollup 也是一款非常优秀的构建工具，但由于起步较晚，目前生态还不完整。

1.5.2　工程化方案的整体架构

本地工具链和云管理平台形态的前端工程化方案的主要区别在于，将构建、部署功能提升到云平台集中管理，保证构建结果的一致性并且便于权限控制，而从各个功能模块的实现角度考虑并没有很大差别。所以本书以本地工具链形态的前端工程化方案 Boi 为例，剖析各功能模块的设计方案和实现细节，同时在论述过程中兼顾云平台的差异性对比及其解决方案。整体架构如图 1-11 所示。

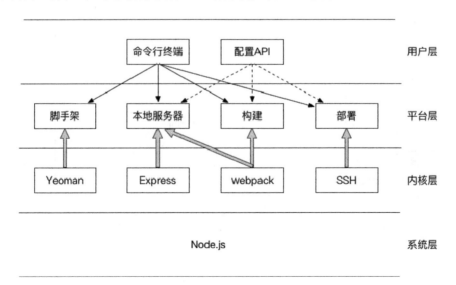

图 1-11

- 暴露给用户层的有两种接口：命令行调用各功能模块的接口和配置接口。
- 平台层分为 4 个功能模块：脚手架、本地服务器、构建以及部署模块。
- 内核层是各个功能模块的内核，脚手架使用 Yeoman，本地服务由 Node.js 的 Express 框架承载，构建功能模块围绕 webpack 打造，部署基于 SSH 协议实现。
- 以上所有的功能实现均是建立在 Node.js 平台上的。

小贴士：Boi 是一款开源的前端工程化方案，读者可以在 GitHub（https://github.com/boijs/boi）中获取其源码。

请注意，本书的重点并不是具体的代码实现细节，而是通过具体案例探讨前端工程化方案应该具备的功能以及设计原则。以上的具体架构和方案只是作为辅助，目的是为了便于论述和理解。

1.5.3 功能规划

根据如图 1-11 所示的工程化整体架构，平台层分为 4 个功能模块。

- 以 Yeoman 为内核的脚手架。
- 以 Express 承载的本地服务器。
- 以 webpack 为内核的构建系统。
- 基于 SFTP 协议的远程部署功能。

1. 命令行工具

得益于庞大的生态圈，使用 Node.js 开发命令行工具并不是一件难事，我们可以借助优秀的辅助工具完成，比如 commander.js。

首先在 package.json 文件中声明 bin 字段指向项目中的入口文件：

```
"bin": {
  "boi": "bin/boi.js"
}
```

其中 key 的值"boi"便是命令行工具的主命令，value 值"bin/boi.js"指向的是此命令调用的文件路径。

然后在"bin/boi.js"文件中的顶部声明此文件需要调用 Node.js 执行：

```
#!/usr/bin/env node
```

随后就可以使用 commander.js 定制具体的子命令了。以 build 命令为例：

```
const Program = require('commander');
Program.command('new [dir]')
  .description('create a new project')
  .usage('[dir] --template <template>')
  .option('-t, --template [template]', 'specify template application')
  .action(function (dir, options) {
    require('./features/generator.js')(dir, options.template);
  }).on('--help', function () {
    console.log('  Examples:\n');
    console.log('    $ boi new demo -t webapp');
    console.log('    $ boi new . -t webapp');
  });
```

小贴士：commander.js 是一个实现命令行交互的 Node.js 模块，由著名的工程师 TJ Holowaychuk 编写。更多使用细节读者可以参考 commander.js 的官方文档。

根据前文所述的功能规划，各功能对应的命令行命令如表 1-1 所示。

表 1-1

命　　令	功　　能
boi new	脚手架
boi build	构建
boi server	开发本地服务器
boi deploy	远程部署

各命令具体的使用细节后续章节将详细讲述。

2. 构建功能规划

构建系统是整个工程化方案中最重要也是最复杂的功能，主要解决的是前端开发层面的问题。根据 1.4 节列出的问题，本书所介绍的工程化方案 Boi 将内置以下功能。

- ES 规范的转译。
- CSS 预编译器支持。
- PostCSS 处理 hack 后缀。
- 自动创建 CSS Sprites 图。
- 图片压缩。
- 小体积图片 base64 内嵌。
- JavaScript 模块化规范支持。

除以上功能以外，Boi 针对不同的缓存策略可以支持增量更新与覆盖更新构建。

具体的实现细节将在第 3 章讲解。

3. 环境区分

一个前端项目的迭代周期自始至终需要经历 3 个阶段：开发、测试和部署上线。每个阶段对应的运行环境为开发环境、测试环境和生产环境。不同的运行环境存在差异性的同时，对工程化方案的需求也不尽相同，比如开发环境需要借助 Mock 服务进行前端逻辑的开发、构建产出的代码需要便于浏览器调试，测试环境与生产环境的异步数据接口地址不同，生产环境需要控制静态文件体积等。工程化方案需要针对 3 种运行环境提供相应的功能和策略，必然会将环境相关的配置开放给用户。本书所介绍的工程化方案 Boi 将 3 种环境具化为 3 个不同配置 API。

- dev——开发环境。
- testing——测试环境。

- prod——生产环境。

3 种环境的执行时机分别如表 1-2 所示。

表 1-2

名 称	运 行 环 境	执 行 时 机
dev	开发	本地服务器
testing	测试	构建和部署
production	生产	构建和部署

用户可以通过配置 API 针对不同的环境分配对应的功能和策略，随后使用命令行工具指定执行环境。比如测试环境使用如下配置不对 JavaScript 代码进行混淆处理：

```
boi.spec('js',{
    testing: {
        uglify: false
    }
});
```

其中 boi.spec 是 Boi 提供的配置 API。开发完成之后，运行以下命令构建测试环境代码：

```
boi build --env testing
```

最终构建产出的 JavaScript 代码不会经过混淆。

对环境配置功能最直观的理解是针对不同运行环境构建产出不同的代码内容。具体到使用层面可以与本地服务器、Mock 服务、构建、部署功能模块联动，打造一种类似沙箱的独立作业环境，目的是解放生产力，同时保证整个开发流程的严谨性和代码质量。本书后续章节将详细讲述环境配置与各功能模块联动方案。

1.5.4 设计原则

1. 规范设计原则——用户至上

规范分为两部分：工程化方案自身的配置 API 规范以及方案对代码编程范式的约束规范。

配置 API 的设计原则着重于配置项的简洁明了，配置项可以一目了然。本书所介绍的工程化方案 Boi 使用 webpack 作为构建内核，在其外层封装了一层简化的配置 API。webpack 自身的优异性不用赘述，但是配置复杂度非常高，并且 webpack 自身不提供任何具体的构建方案，用户需要自行配置并安装各种 loader、plugin 来封装符合项目需求的具体方案。开发者往往需要花费大量的时间学习和处理 webpack 本身的配置，这显然是非常影响开发效率的。Boi 以外部简化的配置 API 映射内部高度复杂化的 webpack 配置，不仅降低了一线业务开发人员对构建工具本身的学习成本，还避免了在进行自身迭代以及问题修复过程中增加的迁移成本。

编程规范的设计原则着重于代码的可移植性，减少对代码的捆绑性。比如前文提到的 FIS 在实现 CSS Sprites 功能时需要开发者在代码中添加可被 FIS 识别的特殊标记。如果项目需要迁移到其他构建方案中，这类特殊标记便成为冗余代码，不仅影响代码的可读性，而且不能保证与新的构建方案不存在冲突。工具只是辅助作用，最基本的原则是切勿喧宾夺主。

2. 架构设计原则——扩展至上

除能够解决现阶段的功能需求以外，对隐含需求的支持度也是评估一套工程化方案的标准之一。即使出现新需求时目前方案不支持，也能够以很小的成本对方案进行扩展。前端资源以及技术选型的多样性，令可扩展性对于前端工程化方案来说尤为重要。我们在设计工程化方案架构时，应当秉持"内核轻量、扩展丰富"的原则。比如 webpack 本身不提供任何具化的方案，而是开放丰富的配置和扩展 API 供开发者封装和扩展自己的构建方案。本书所介绍的工程化方案 Boi 自身只封装了必要的功能，比如 ES 转译、CSS 预编译器支持等，对于目前流行的框架如 React、Vue 并不支持。但是你可以通过 Boi 的插件系统以非常小的成本对 Boi 进行扩展，并且这些插件是即插即用的，不会对 Boi 内核产生任何影响。

1.6 总结

Web 技术的发展催生用户对 Web 产品产生更多、更复杂的需求，进而推动前端工程师开发任务的细化和加重。功能、逻辑、资源不断复杂化、多样化进一步促进了前端工程化的诞生。得益于 Node.js、前端工具生态的不断进步和扩大，令前端工程化方案的实施有了必要的环境条件。

前端工程化的进化历程伴随着前后端工程师分工的改变而改变。前后端分离是 Web 产品开发分化的必然趋势，前端工程化的核心目标之一便是建立合理的前后端分离工作环境，提高团队整体的工作效率。本地工具链形态的工程化通过 Mock 服务实现了前后端并行开发，统一的工具栈加强了规范意识和约束，减少了业务开发人员的学习成本。云管理平台形态的工程化进一步淡化了差异性并加深了规范。

第 2 章

脚手架

脚手架一词最早来源于建筑工程领域，本意是一种辅助工程建设的临时性设施，引申到软件开发领域，脚手架作为一种创建项目初始文件的工具被广泛地应用于新项目或者迭代初始阶段。使用工具替代人工操作能够避免人为失误引起的低级错误，同时结合整体前端工程化方案，快速生成功能模块配置、自动安装依赖等，降低了时间成本。大多数团队在制定工程化方案时将脚手架作为必要的功能模块，但是目前市场上前端脚手架的实现方案存在很大的"跃迁性"。这是由脚手架在工程化的角色以及"用完即弃"的工作模式导致的。

小贴士： 跃迁是量子力学术语，意思是状态发生跳跃式变化的过程。之所以将这个词用在这里是因为高度完备的脚手架相比较低级形态的脚手架而言，能够带来质的飞跃。

本章主要包括以下内容。

- 探讨脚手架的功能和本质。
- 脚手架在前端工程中的角色和特征。
- 典型脚手架案例分析。
- Yeoman 脚手架集成方案。

2.1 脚手架的功能和本质

脚手架的功能用一句话就可以概括：创建项目初始文件。这是一条看起来非常简单的准则，但是对这条准则应该如何理解、如何实施却并不是三言两语可以讲清的。

我们不妨先看一看目前比较成熟的脚手架案例。Eclipse 是一款普及度非常高的 IDE 软件，很多高校将其作为 C++、Java 等编程语言的教学实践 IDE。虽然 Eclipse 有很多被人诟病的缺点，但作为一个资历比较老的 IDE 软件，其工作流程有很多值得借鉴的地方。Eclipse 创建项目的流程就是一个典型的脚手架工作流，如图 2-1 所示。

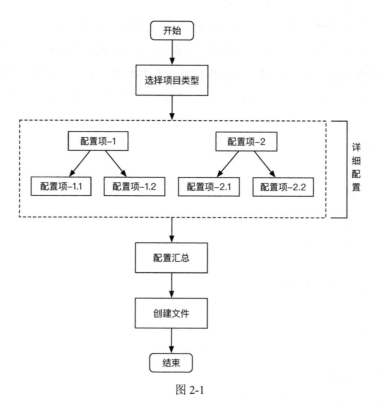

图 2-1

如图 2-1 所示，Eclipse 创建项目的流程是一个"两头窄中间宽"的形象。选择项目类型是入口，随后是一系列复杂的树形配置项。配置完毕之后将所有配置项进行汇总，最终创建项目文件完成整个流程。

从选定项目类型之后，开发者便进入了一个方案定制阶段。开发者所见的一个个烦琐配置项，映射为方案各个模块的功能定制。整个流程可以简单归纳为：选定方案→配置方案细节→配置完成→根据定制方案创建项目文件→结束流程。从中我们可以总结出脚手架的本质——方案的封装。

由此，我们便明确了脚手架的功能和本质：脚手架的功能是创建项目初始文件，本质是方案的封装。

2.2 脚手架在前端工程中的角色和特征

我们从 Eclipse 创建新项目流程中总结出了脚手架的功能和本质，但不同于 Java、Android 等存在固定模式和技术选型的项目，前端项目的资源类型多样、技术选型宽泛、工作流程无固定规范等一系列特征造成前端脚手架与 Eclipse 脚手架相比存在一定的差异性和独特性。

2.2.1 用完即弃的发起者角色

图 2-2 描述的是一个简化版的前端工程工作流，从最初脚手架创建文件开始直到项目部署上线的流程中，需要经历开发、构建、部署和测试环节。脚手架充当的是项目初始或者迭代周期初始阶段的发起者角色，这一点与 Eclipse 是一致的。

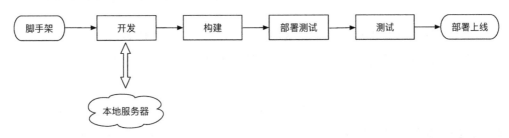

图 2-2

在项目的迭代周期中，脚手架是一个完全"启下"的功能模块，不存在任何前置依赖流程。可以说，创建完成项目初始文件之后，脚手架就再也没有用武之地了。这种"用完即弃"的角色定位造成脚手架实现方案之间存在巨大差距。

一个功能完备、设计合理、提供丰富配置项的脚手架工具，最终的目的是为了得到项目初始文件。你也可以手动创建，甚至将一个同类型已存项目的文件稍做修改，然后复制粘贴便完成了脚手架相似的功能。既然结果一样，那为什么还要花费大量的时间和人力成本去开发复杂的脚手架工具呢？

这是一个非常现实的问题。在互联网产品快速迭代的节奏下，开发团队最注重的就是投入/产出比，而脚手架的投入/产出比"看上去"是最低的。环顾目前前端的工具栈生态，最多的是构建工具，当然我们不可否认构建确实是最必需也是最复杂的功能；而脚手架工具是最少的，前端社区对脚手架的讨论也非常稀少。你可能听说过大名鼎鼎的 Yeoman，但是很难再想出第二个稍有名气的脚手架工具了。

如果抛开本地服务器、构建、部署等功能，将脚手架工具单独考量，脚手架可能并没有很高的"性价比"。但如果将脚手架置于一套完整的前端工程体系以及开发技术栈中，它的作用就会被放大。前端工程体系涵盖功能广泛、封装方案类型众多，对应的配置项也非常复杂。而且，大多数前端工程方案和相关工具的开发者并不负责一线业务开发。对于业务开发人员来说，前端工程方案和工具就是一个黑盒，他们不需要了解其中的复杂原理，只需要知道如何配置、如何使用即可。也就是说，一线业务开发人员的需求是快速开发、快速配置，项目初始生成的相关配置项要跟业务紧密结合，既要满足项目的功能需求，又不能有"混淆视听"的冗余功能。

前端工程体系不是 Vue、React 这种业务开发框架，工程体系是一种"服务"，是辅助性质的，其服务的主要对象就是一线的业务开发人员。在一套合理的前端工程体系下，业务开发人员关注的重点应该集中在业务逻辑的开发上，而不是这套工程体系的学习和配置上。所以，合理的前端工程体系必须具备的要素之一便是平缓的学习曲线，即使文档再清晰易懂，也不应该强制要求业务开发人员花时间学习各种细节。业务开发人员需要了解的应该仅仅是如何配置、如何使用。这便是脚手架工具要解决的最切实问题，简单概括就是：

- 快速生成配置。
- 降低框架学习成本。
- 令业务开发人员关注业务逻辑本身。

vue-cli（Vue 框架的命令行工具）就是解决这些问题的一个非常典型的例子。创建 Vue 项目的同时，vue-cli 提供了模板选择、编译以及本地开发服务器等功能模块。对于使用 vue-cli 创建的 Vue 项目，业务开发人员无须操心复杂的 webpack 配置，只需关注业务逻辑开发本身，这很大程度上降低了开发的时间成本。

随着前端工程体系功能不断增多、复杂度不断加深，脚手架的作用会越来越重要。

2.2.2　局限于本地的执行环境

第 1 章讲述了前端工程化的 3 个阶段：本地工具链、云管理平台和持续集成。三者最明显的外在差异在于，对各个功能模块执行环境的划分。执行环境分为 4 类：本地环境、集成平台环境、测试环境以及生产环境。

- 本地环境指的是开发人员的本机环境。
- 集成平台环境指的是云管理平台或者持续集成平台环境。
- 测试环境指的是集成测试阶段测试工程师对产品进行仿真模拟测试的特定沙箱环境。
- 生产环境指的是产品交付给用户的真实环境。

不论工程化方案处于何种阶段，测试环境和生产环境的划分是一致的，因为两者与开发无关。

那么作为流程发起者的脚手架在不同的工程化阶段是否存在执行环境的差别呢？

根据图 2-2 的工作流，本地工具链阶段的前端工程化对功能模块执行环境的划分如图 2-3 所示。这一阶段的工程化没有集成平台环境，脚手架、开发、本地服务器、构建以及部署测试功能模块全部在本地环境下执行。

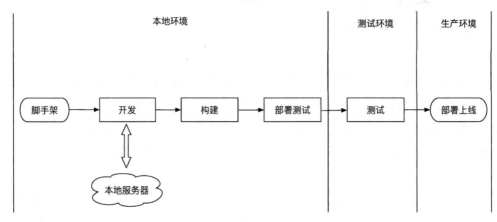

图 2-3

云管理平台以及持续集成阶段的工程化方案新增了集成平台环境，将构建与部署测试功能模块部署到云平台。而脚手架、开发以及本地服务器仍然在本地环境中执行，如图 2-4 所示。

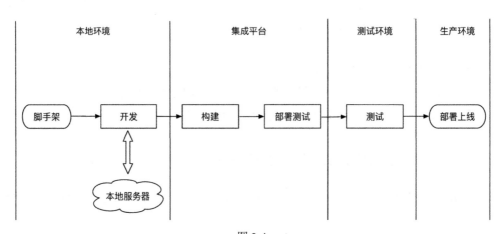

图 2-4

由此可见，不论前端工程化是最简单的本地工具链，还是集大成者的持续集成阶段，脚手架的执行环境始终局限于本地。这给脚手架工具带来了一个必须解决的问题：操作系统兼容性。

> 小贴士：有的团队没有本机环境，而是提供虚拟机供开发人员使用。也就是将图 2-3 和图 2-4 中的"本地环境"修改为"虚拟机环境"。虚拟机可以规避由操作系统差异引起的额外开发成本，工程化工具也不必考虑操作系统兼容性问题。

2.2.3 多样性的实现模式

前端项目类型、资源的多样性以及各团队对前端工程师定位的不同造成前端脚手架没有固定的实现模式。不论具体实现模式如何，优秀的脚手架工具遵循的原则是一致的。

从功能实现的角度考量，需要具备：

- 与构建、开发、部署等功能模块联动，在创建项目时生成对应配置项。
- 自动安装依赖模块。

从平台角度考量，需要具备：

- 动态可配置。
- 底层高度可扩展。

从易用性角度考量，需要具备：

- 丰富但不烦琐的配置项。
- 支持多种运行环境，比如命令行和 Node.js API。
- 兼容各类主流操作系统。

其中，"丰富但不烦琐的配置项"是比较模糊的抽象描述。为了方便理解，举个例子说明。比如构建功能模块中支持将散列图标自动组装成 CSS Sprites 图片，对应的配置项有如下两个。

- 是否启用，默认为 true。
- 散列图标的目录，默认为 icons。

那么是不是应该把上述两个配置项全部借由脚手架开放给用户呢？在回答这个问题之前，我们首先明确脚手架与构建功能模块是如何协作的，如图 2-5 所示。

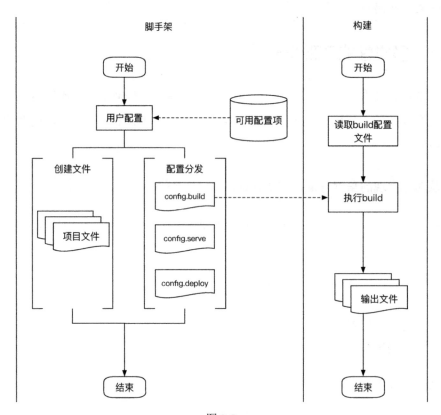

图 2-5

脚手架的可用配置项一部分由项目的类型决定，另外一部分来自工程体系中各个功能模块开放的配置 API。项目类型决定的配置项将影响创建的项目文件内容和类型，而工程体系功能模块的配置项将影响生成的各个功能模块配置文件内容。换句话说，功能模块借脚手架，以一种更直观的方式将配置 API 呈现给用户（一线业务开发人员）。除脚手架直观的配置以外，用户也可以直接修改由脚手架生成的功能模块配置文件，比如图 2-5 中的 `config.build`。

功能模块拥有丰富功能的同时，意味着具备高度复杂的配置。在完整的工程化方案中，各个功能模块耦合在一起进一步加深了配置的复杂度。脚手架的目的之一便是将配置的复杂度以阶梯状呈现给用户，能够让用户循序渐进地适应和学习整套工程体系。所以，各功能模块的配置项不可能全部由脚手架提供给用户，必须有所取舍。

回到问题本身，将自动生成 CSS Sprites 功能的两个配置项简化后可以理解为开关和细节。开关决定这项功能是否开启，所有细节功能的实现必须建立在开关被开启的前提下。另外，细节配置项通常具备默认值，根据默认值会封装到脚手架方案中。也就是说，在开关被开启的前提下，即使用户不刻意配置细节选项，在默认方案下也可以正常进行业务开发。所以，最终的结论是：只将开关配置项交由脚手架开放给用户，细节配置项保持默认值。如果用户有更细化的需求，可以直接修改功能模块的配置文件。

2.3 开源脚手架案例剖析

在动手开发适合自己团队的脚手架工具之前，我们不妨参考目前业内一些成熟的脚手架方案。本节将介绍 3 个比较典型的案例，分别对应 3 种不同的项目类型。

- Sails.js——Node.js 全栈 MVC 框架。
- PHP 中间层——只包括 Controller 和 View 的 Web 服务中间层框架，类似目前被广泛讨论的大前端。
- Yeoman——开放的脚手架平台，不封装任何具体方案。

其中 Sails.js 和 Yeoman 是开源项目，读者可以在官网和 GitHub 网站获取其详细介绍和源码；PHP 中间层是笔者在工作期间参与开发维护的 Web 服务中间层框架，目前并未开源。

1. Sails.js——针对服务器端的脚手架方案

Sails.js 是一个企业级 Node.js 全栈框架，服务器端采用 MVC 架构，使用 Grunt 搭建前端工作流。Sails.js 的脚手架模块可以创建以下几种文件类型。

1）sails generate new app——创建一个 Sails.js 项目。

2）sails generate new model——创建一个 Model 文件。

3）sails generate new controller——创建一个 Controller 文件。

4）sails generate new api ——创建一个 API 模块，包含一个 Model 文件和一个 Controller 文件。

5）sails generate new adapter——创建一个 Adapter 文件。Adapter 是 Database Adapter（数据库适配器）的简称，Sails.js 中的 Adapter 消除了各类数据库操作 API 的差异性，统一为 JavaScript 方法。

6）sails generate new generator——创建一个 generator 源码文件。

前 5 种类型都是 Sails.js 脚手架封装的具体方案，最后的 generator 类型相当于一种开发者 API。开发者可以通过这个入口封装符合团队业务需求的脚手架方案。

另外，通过安装指定的脚手架插件，可以给 Sails.js 脚手架增加额外的配置项。比如可以通过以下流程创建由 CoffeeScript 编写的功能模块。

1）安装 CoffeeScript：

```
npm install --save coffee-script
```

2）安装 Sails.js 脚手架针对 CoffeeScript 的插件：

```
npm install --save-dev sails-generate-controller-coffee sails-generate-model-coffee
```

3）通过添加--coffee 参数创建 CoffeeScript 编写的功能模块：

```
sails generate api <foo> --coffee
sails generate model <foo> --coffee
sails generate controller <foo> --coffee
```

Sails.js 的脚手架主要针对服务器端，并没有封装专门针对前端相关资源的方案，如果用户需要使用 Sails.js 脚手架创建前端相关模块则必须自行实现。

对照 2.2 节总结的脚手架工具基本原则，下面看一下 Sails.js 脚手架对基本原则的实现程度，如表 2-1 所示。

表 2-1

基 本 原 则	Sails.js 实现
与其他功能模块联动,创建项目的同时生成对应配置项	创建一个新项目的同时创建了完整配置项；创建 API、Model、Controller 等功能模块后需要手动修改相关配置文件
自动安装依赖模块	创建一个新项目的同时安装了依赖模块
动态可配置	支持多种可配置参数
底层高度可扩展	开放 generator 类型供开发者自行封装方案
支持多种运行环境	目前只支持命令行方式
兼容各类主流操作系统	支持 Windows、Linux、Mac 操作系统

Sails.js 脚手架基本具备了一款优秀脚手架工具所必须具备的要素。读者可以通过阅读其源码获取更多细节知识。

> 小贴士：我们并未将"丰富但不烦琐的配置项"一项加入衡量标准，因为这项原则与其他几项相比比较主观，不同个体之间存在判定差异。

2. PHP 中间层——针对 SPA 的脚手架方案

PHP 中间层是笔者在工作期间参与开发和维护的一个 Web 中间层框架，由于目前并未开源，不便透露具体名称和细节，所以就粗略介绍一下这个中间层方案的模式和理念。

之所以将这个框架作为此处的一个案例，是因为它与目前业内被广泛提及的"大前端"理念有些类似：前端工程师负责客户端以及中间层 Controller 代码的编写工作，不涉及 Model 层。客户端是一个 SPA（单页应用），包括一个入口 js 文件、一个 css 文件、一个入口 index 文件和一个资源文件夹。整体架构如图 2-6 所示。

脚手架工具也按照图 2-6 的架构创建新项目。另外，PHP 中间层固定技术选型，框架内置了丰富的第三方资源，无须额外安装。所以，脚手架工具并不具备也不需要自动安装依赖模块的功能。

PHP 中间层对脚手架基本原则的实现如表 2-2 所示。

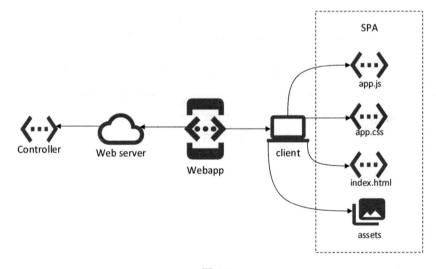

图 2-6

表 2-2

基 本 原 则	PHP 中间层实现
与其他功能模块联动，创建项目的同时生成对应配置项	创建 webapp 模块后需要手动修改相关配置文件
自动安装依赖模块	固定技术栈，不需要此功能
动态可配置	无配置参数
底层高度可扩展	不可扩展
支持多种运行环境	只支持命令行方式
兼容各类主流操作系统	只支持 Linux、Mac 操作系统

从理论上讲，PHP 中间层的脚手架模块并不能称得上优秀，但却和框架本身以及项目的架构模式非常匹配，功能基本能够满足业务开发需求。所以，于框架本身来讲，搭配的脚手架工具算得上一个合格的功能模块。这也是前文提到的脚手架实现模式多样性的一种论证。

3. Yeoman——可能是最好的脚手架方案

自 2012 年 Google I/O 上首次发布，Yeoman 至今已经经历了 5 年光景。对于前端技术圈子来说，5 年的时间可以让绝大部分所谓热门的技术降温甚至淘汰，而 Yeoman 坚持到了今天，且仍未现衰退之势。我们可以简单回顾一下 5 年前流行的前端技术，你可能会想起 Knockout 和 Backbone，也可能会想起雅虎的 YUI，甚至可能会想起被 ExtJS 所支配的恐怖。然后再看看这些在当时热火朝天的技术目前的市场状态，是否都已是明日黄花、垂垂老矣？而 Yeoman 之所以能"活"这么久，和它的定位和理念是息息相关的。

Yeoman 的 slogan 是"THE WEB'S SCAFFOLDING TOOL FOR MODERN WEBAPPS"——面向 webapp 的脚手架工具，但笔者个人认为称其为脚手架框架更为合适。Yeoman 不能直接创建项目文件，它提供了一套完整的脚手架开发者 API，使用这些 API 可以定制符合自己业务需求的任意脚手架方案。换句话说，Yeoman 不封装任何方案，它是完全开放、高度可扩展的。

Yeoman 对脚手架基本原则的实现如表 2-3 所示。

表 2-3

基 本 原 则	Yeoman 实现
与其他功能模块联动，创建项目的同时生成对应配置项	由开发者封装方案决定
自动安装依赖模块	具备相关 API，由开发者实现
动态可配置	由开发者封装方案决定
底层高度可扩展	高度可扩展 API
支持多种运行环境	支持 Node.js 和命令行
兼容各类主流操作系统	支持 Windows、Linux、Mac 操作系统

Yeoman 基本具备了一款优秀的脚手架需要具备的所有要素，如果你需要开发一个属于自己的脚手架，Yeoman 是最好的选择。2.4 节将详细讲述如何使用 Yeoman 封装脚手架方案并集成到前端工程体系中。

2.4　集成 Yeoman 封装脚手架方案

脚手架创建项目文件的第一步是收集用户的配置信息，你可以通过开发 GUI 界面，也可以直接通过命令行来收集。接下来介绍的方案使用命令行作为收集信息的入口，一方面是由于 GUI 界面需要更多的开发成本；另一方面前端项目的脚手架配置信息并不是很多，也没有必要开发 GUI 程序。况且，命令行看上去更有 Geek 范，不是吗？

用户配置信息收集完成之后，脚手架下一步的工作是将这些动态的配置信息转化成静态的文件内容。此阶段的转化工作通常使用 Boilerplate（样板文件，可以理解为 HTML 模板引擎）执行，Yeoman 默认使用 EJS 引擎。

动态内容转化完成之后，如果有必要，可以将文件后缀类型修改为目标文件后缀类型，比如 Yeoman 将 `*.ejs` 文件后缀修改为 `*.js`、`*.css`、`*.html` 等。

最后一步便是将生成的文件复制到目标文件夹，整体流程如图 2-7 所示。

接下来，我们将一步步探索如何使用 Yeoman 封装属于自己团队的脚手架方案并集成到前端工程体系中。

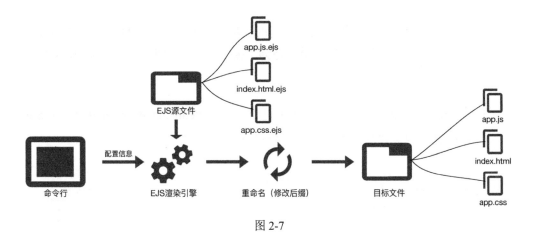

图 2-7

2.4.1 封装脚手架方案

首先，使用 Yeoman 的命令行工具 yo 结合 generator-generator 模板创建一个空的脚手架模块文件。当然，你也可以按照规范手动创建文件。一个完整的空脚手架文件目录如下。

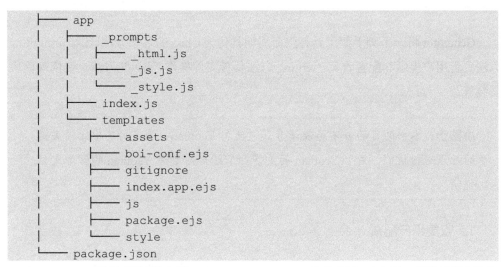

- `app` 目录是源码文件，`app/index.js` 是执行入口文件，可以通过修改 `package.json` 中对应的字段重新制定源码和入口文件。
- `templates` 是脚手架所封装方案的项目文件源码，可以看到这些源码都是未经渲染的 ejs 文件。

- _prompts 是用于提示用户配置的选项内容的，这些文件不属于 Yeoman 规范，之所以将它们独立出来是为了便于维护。你也可以将这些内容全部存放于 app/index.js 中。

封装一个 Yeoman 脚手架方案本质上是创建一个 Yeoman Generator 实例，从 ES6 引入的 Lass 角度也可以理解为创建了一个 Generator 子类。如下：

```
class extends Generators {
  constructor(args, opts) {
    super(args, opts);
    // ...
  }
  initializing(){
    // ...
  }
  prompting(){
    // ...
  }
  // ...
}
```

Generator 将一个脚手架工具各生命周期具化为 Class 的各个方法，比如 prompting 方法负责用户提示和配置收集，writing 方法负责文件操作，install 方法负责依赖模块安装等。

> **小贴士**：本书的目的并不是教读者如何使用 Yeoman，而是对其中比较关键的几点进行说明。关于 Yeoman 的更多细节读者请参考 Yeoman 的官方文档说明。

1. 收集用户配置

Yeoman Generator 实例的 `prompting()` 方法用于通过命令行与用户交互，以便给予用户合理的提示信息并且收集用户的配置信息。`prompting()` 方法是异步执行的，开发者需要在这个方法中返回一个 Promise。下述是将要介绍的案例 `generator-boiapp` 中用于与用户交互的代码：

```
prompting() {
  let prompts = [].concat(require('./_prompts/_js.js'))
    .concat(require('./_prompts/_style.js'))
    .concat(require('./_prompts/_html.js'));

  return this.prompt(prompts).then((res) => {
    let appname = res.appname || this.options.appname;
    let options = Object.assign({}, res, {
      appname
    });
    // dependencies
    this.pkg = options.nodeModules;
    // 渲染配置项
    this.renderOpts = options;
  });
}
```

其中我们收集了两部分信息。

- `pkg`——用户项目所需的第三方依赖模块数据，提供给自动安装依赖模块功能使用。
- `renderOpts`——前端工程体系中其他模块的配置信息以及项目独占的个性化信息（比如 appname）。此部分数据将决定最终创建的项目业务文件以及工程化体系其他功能模块的配置文件内容。

2. 转化动态内容

我们在上一阶段收集了用户的配置信息，并且将信息分化为两类：依赖模块数据 `pkg` 和渲染数据 `renderOpts`。接下来的工作是将动态的渲染数据转化为静态的项目文件内容。依据图 2-7 描述的 Yeoman 工作原理，动态数据的转化本质上是由 EJS 模板渲染引擎执行的。同时，Yeoman 提供了 `writing()` 函数用于执行文件相关操作。仍然以 `generator-boiapp` 为例，我们在 `writing()` 函数中执行以下操作。

- 将 ejs 源文件中的动态内容依据 `renderOpts` 转化为静态内容。
- 将转化后的 ejs 文件复制到项目目录并且修改后缀名。

请看以下示例代码:

```
writing() {
    const destFolder = this.options.current ? "" : Path.join(this.options.appname, '/');
    // 生成boi-conf.js文件
    this.fs.copyTpl(
        this.templatePath('boi-conf.ejs'),
        this.destinationPath(Path.join(destFolder, 'boi-conf.js')),
        this.renderOpts
    );
    // 生成html文件
    this.fs.copyTpl(
        this.templatePath('index.app.ejs'),
        this.destinationPath(Path.join(destFolder, 'src','index.' + opts.appname + '.html')),
        this.renderOpts
    );
    // ...
}
```

其中 `destFolder` 是项目所在的目录, `options.current` 和 `options.appname` 是我们自定义的两个配置项,分别代表是否在当前目录创建项目以及项目名称。`this.fs.copyTpl` 方法是 Yeoman 提供的 API,将 ejs 源文件的动态内容进行转化,同时将转化后的文件复制到项目目录并且修改后缀名。

上述示例代码中列举了两个比较典型的文件类型:

- `boi-conf.ejs` 被转化为 `boi-conf.js`,是前端工程体系其他功能模块的配置文件。
- `index.app.ejs` 被转化为 `index.<appname>.html`,是项目的 view 入口文件。

下述代码是 `boi-conf.ejs` 源文件中关于 **style** 的配置内容:

```
boi.spec('style', {
  // style 文件后缀类型
  ext: '<%= styleSyntax %>',
```

```
    // style 文件目录，相对于 basic.source
    source: 'style',
    // style 文件输出目录，相对于 basic.output
    output: 'style',
    // 是否启用 hash 指纹
    useHash: true,
    // 是否自动补全 hack 前缀
    autoprefix: false,
    // 是否启用 CSS Sprites 自动生成功能
    <%if (enableSprites) {%>
    sprites: {
      // 散列图片目录
      source: 'icons',
      // 是否根据子目录分别编译输出
      split: true,
      // 是否识别 retina 命名标识
      retina: true,
      // 自行配置 postcss-sprite 编译配置
      postcssSpritesOpts: null
    },
    <% }else{ %>
    sprites: false,
    <% } %>
});
```

是否看到了似曾相识的内容？这段代码包含了 2.2 节讲述的关于自动生成 CSS Sprites 图片的功能配置。其中的 enableSprites 便是这项功能的开关，由脚手架提供给用户配置。styleSyntax 也是由用户配置的 CSS 预编译语法类型。假设用户选择了 SCSS 预编译语法并且开启了自动生成 CSS Sprites 功能，最终上述代码被转化为以下内容：

```
boi.spec('style', {
    // style 文件后缀类型
    ext: 'scss',
    // style 文件目录，相对于 basic.source
    source: 'style',
    // style 文件输出目录，相对于 basic.output
    output: 'style',
    // 是否启用 hash 指纹
    useHash: true,
```

```
  // 是否自动补全 hack 前缀
  autoprefix: false,
  // 是否启用 CSS Sprites 自动生成功能
  sprites: {
    // 散列图片目录
    source: 'icons',
    // 是否根据子目录分别编译输出
    split: true,
    // 是否识别 retina 命名标识
    retina: true,
    // 自行配置 postcss-sprite 编译配置
    postcssSpritesOpts: null
  }
});
```

3. 自动安装依赖模块

Yeoman 封装了 npm、bower 以及 Yarn 包管理器安装模块的 API，同时提供了明确的 install() 函数用于执行模块的安装行为。需要注意的一点是，一定要区分用户所创建的项目根目录是否为当前目录。如果是新目录，需要首先进入目标目录，然后再执行安装行为。请看以下示例代码：

```
install() {
  if (!this.options.current) {
    // 如果当前目录不是项目根目录，则进入到项目目录后再安装模块
    process.chdir(Path.join(process.cwd(), this.options.appname));
  }
  if (this.pkg && _.isArray(this.pkg) && this.pkg.length > 0) {
    this.npmInstall(this.pkg, {
      'save-dev': true,
      'skipMessage': true
    });
  }
}
```

上述代码使用 npm 作为包管理器，当然你也可以使用 bower 或者 Yarn。

2.4.2 集成到工程化体系中

Yeoman 提供了功能强大的 CLI 工具 yo，使用 yo 完全可以满足对于脚手架的功能需求。之所以花费精力将 Yeoman 集成到前端工程体系，是为了以下几点。

- 统一工具栈。
- 自动安装。

统一工具栈不单单是为了便于业务开发人员使用，更深层的意义在于降低了业务开发人员的学习成本以及工具的部署成本。同时，工具栈的统一进一步增强了规范意识，规范是一切工程化流程的根本。所以，花费时间和人力成本去做工具栈的统一集成是非常有必要的。

自动安装是在工具栈统一的前提下锦上添花的功能。集成不是为了实现自动安装，而工具栈的统一必然会带来诸如此类的便利功能，两者是因果关系，而非凤求凰。

1. Yeoman Node.js API

`yeoman-environment` 是 Yeoman 独立的内核模块，提供了脚手架相关的完整 Node.js API。Yeoman 的命令行工具 yo 本质上也是在 `yeoman-environment` 的基础上包装了一层命令行交互 UI。所以，yo 与工具栈的集成工作没有任何关系，我们需要关注的只有 `yeoman-environment` 本身而已。

明确了所需的核心模块之后，下一步工作是确定集成方案的具体命令以及相关配置参数。使用 yo 创建一个新项目的命令格式如下：

```
yo webapp <options>
```

其中 webapp 代表脚手架方案 `generator-webapp`，也就是所创建项目的模板。一个开放性的脚手架命令行工具所必需的一项便是可以指定不同的封装方案。集成之后的脚手架命令也必须具备此项功能。除此之外，为了让命令更具语义，我们使

用 new 作为创建新项目的指令。最终,集成方案的脚手架指令为:

```
boi new <appName> --template <templateName>
```

其中<appName>为空或者.时代表在当前目录创建新项目。选项--template,简写为-t,指定具体的脚手架模板。

接下来,按照我们已制定的方案,一步步实现 Yeoman 的集成工作。

2. 实现集成

使用 commander.js 在 yeoman-environment 的基础上进行集成方案的命令行交互封装。如下:

```
const Program = require('commander');
Program.command('new [dir]')
  .description('create a new project')
  .option('-t --template [template]', 'specify template application')
  .action(function (dir, options) {
    require('./features/generator.js')(dir, options.template);
  });
```

commander.js 命令执行以后,将配置参数传递至./features/generator.js 模块,此模块负责具体的 Yeoman 集成和执行工作。具体实现如下:

```
const Yeoman = require('yeoman-environment');
let env = Yeoman.createEnv();

module.exports = (dirname, template) => {
  let appname = '';
  let inCurrentDir = false;
  // 不指定 templateName 使用默认的 boiapp 模板
  let templateName = template && template.split(/\:/)[0] || 'boiapp';
  let generator = 'generator-' + templateName;
  let appCommand = template || templateName;

  if (!dirname || dirname === '.' || dirname === './') {
```

```
    // 如果不指定 appname 则取值当前目录名称
    /* eslint-disable */
    appname = _.last(pwd().split(/\//));
    /* eslint-enable */
    inCurrentDir = true;
  } else {
    // 如果指定 appname 则创建子目录
    appname = dirname;
  }
  /* eslint-disable */
  exec('npm root -g', {
    async: true,
    silent: true
  }, (code, stdout) => {
    /* eslint-enable */
    let npmRoot = _.trim(stdout);
    let generatorPath = Path.posix.join(npmRoot, generator);

    try {
      require.resolve(generatorPath);
      env.register(require.resolve(generatorPath), appCommand);
      inCurrentDir ? env.run(`${appCommand} ${appname} -c`) : env.run(`${appCommand} ${appname}`);
    } catch (e) {
      /* eslint-disable */
      exec(`npm install -g ${generator}`, {
        async: true,
        silent: true
      }, (code) => {
        /* eslint-enable */
        if (code != 0) {
          process.exit();
        }
        env.register(require.resolve(generatorPath), appCommand);
        inCurrentDir ? env.run(`${appCommand} ${appname} -c`) : env.run(`${appCommand} ${appname}`);
      });
    }
  });
};
```

上述代码除执行 Yeoman 以外，还实现了两个功能。

1）判断是否在当前目录创建项目并将信息传递给 Yeoman。

2）判断 `--template` 指定的脚手架模板是否安装，如果未安装则自动执行安装命令。

其中判断模板是否安装的逻辑使用的是 `require.resolve` 函数，如果模板已安装会返回模板的绝对路径，否则会报错进入 `catch` 内。这是一个比较"不合理"的方案，因为导致 `require.resolve` 函数报错的原因不仅仅是模块未安装，还有可能因为代码本身的错误等。npm 工具提供了 `npm list` 命令来获取已经安装的模块列表，我们可以使用这个命令进行判断，这也是最合理的方案。但是 `npm list` 命令的执行效率非常不尽如人意，尤其是在 Windows 系统下。所以，尽管使用 `require.resolve` 函数是一个非常不合理的方案，但却是性能最好的。并且，发布一款工具或者模块之前，代码质量必须是测试通过的，这也减少了导致 `require.resolve` 函数报错的因素。

另外，还需要注意的一点是全局模块的安装位置。不同的操作系统下 npm 安装全局模块的位置不同，并且如果使用了 nvm 等多版本 Node.js 管理工具的话，全局模块的位置更加难以确定。所以，在执行 `require.resolve` 函数之前必须使用 `npm root -g` 确定全局模块的目录。

> **小贴士**：以上代码只是作为一种示范，示范的目的是为了说明我们所提出的理论，而不是提供给读者完美无缺的具体实现方案。

2.5 总结

脚手架是一个单独衡量并没有很大价值，但却是整体前端工程体系中不可或缺的功能模块。它降低了工程体系的学习和使用成本，方便一线开发者将精力集中于业务逻辑本身。

前端项目的多样性决定了前端脚手架的实现方式多种多样,不论具体的实现方案如何,一款优秀的脚手架必须兼具功能性、开放性以及动态性。Yeoman 可以说是目前市场上最好的脚手架框架,功能丰富、便于扩展并且兼容不同的操作系统和执行环境。使用 Yeoman 封装脚手架方案可以通过命令行收集用户配置并将数据转化为静态的项目文件。

规范是前端工程化的根本,工程化不能只是将各种工具堆在一起让一线开发者分别部署和使用。工具栈的集成统一降低了部署、学习和使用成本,并且加深了规范意识。针对脚手架功能模块,将 Yeoman 集成到工程化体系中的工作并不困难,但是需要注意处理各种细节问题,比如是否将当前目录作为项目根目录、Yeoman 模板的自动安装等。另外,脚手架模块是即用即走的,必须保证它足够快。为了这个目的,我们可以使用一些比较取巧的方法。

第 3 章

构建

由于前端开发的特殊性,比如前面章节提到的浏览器对 ES 规范的实现程度、CSS 预编译器等,开发者直接编写的源代码并不能在宿主浏览器中正确无误地运行。构建是前端工程体系中功能最烦琐、最复杂的模块,承担着从源代码到可执行代码的转换者角色。webpack 是一款功能强大且高度可扩展的构建工具,本章通过列举前端构建中需要解决的具体问题案例,讲解如何使用 webpack 实现相应的构建功能。

本章主要包括以下内容。

- 构建功能解决的问题。
- 规范和 API 设计原则。
- 使用 ECMAScript 最新规范开发的优势以及对应的构建方案设计。
- CSS 预编译器和 PostCSS 各自的作用和区别以及对应的构建方案设计。
- JavaScript 模块化规范与 webpack 支持性。
- 针对浏览器缓存策略的构建功能的设计。
- 资源定位功能的设计与实现。

3.1 构建功能解决的问题

在 Grunt、Gulp、webpack 等前端工具出现之前,前端资源的构建需要借助于其他开发领域的工具实现，比如 Ant[1]、Make[2]等。甚至专业构建 JavaScript 和 CSS 的工具也需要特殊的编程语言执行环境，比如 YUI Composer 最初需要依赖 Java 运行环境。Node.js 的诞生和发展令前端工具生态不断壮大，目前我们所熟知的 Grunt、Gulp、webpack 等工具均是由 Node.js 为底层驱动平台的。

Node.js 是前端工具得以发展的技术基础，前端项目的不断复杂化是催动前端工具发展的环境因素。在 Node.js 诞生之前，对于前端资源的构建工作只是进行基本的压缩和打包，因为当时前端项目自身的复杂度并不高，没有模块化开发、规范转译、CSS 预编译等现在看来非常普遍的需求。

构建，或者叫作编译[3]，在前端工程体系中的角色是将源代码转化为宿主浏览器可执行的代码，其核心是资源的管理。前端的产出资源包括 JS、CSS、HTML 等，分别对应的源代码则是：

- 领先于浏览器实现的 ECMAScript 规范编写的 JS 代码。
- LESS/SASS 预编译语法编写的 CSS 代码。
- Jade/EJS/Mustache 等模板语法编写的 HTML 代码。

以上源代码是无法在浏览器环境下运行的，构建工作的核心便是将其转化为宿主可执行代码，分别对应：

- ECMAScript 规范的转译。
- CSS 预编译语法转译。
- HTML 模板渲染。

1　Ant 是 Apache 软件基金会（Apache Software Foundation，简称为 ASF）的一个项目，主要用于 Java 项目的编译、构建、部署等。
2　Make 诞生于 1977 年，主要用于 C 语言的项目构建。
3　严格来讲，构建（Build）和编译（Compile）是两个完全不同的概念，与之相关的还有一个 Make 行为，作用都是将源代码转化为可执行代码。在其他编程领域，比如 Java 和 C++，Compile 是针对单个文件的，Build 是对整个项目中所有文件进行编译的，Make 则只会编译被改动的文件，三者的颗粒度不同。

这些功能可以说是为了弥补浏览器自身功能的缺陷和不足，可以理解为面向语言的。

除了语言本身，前端资源的构建处理还需要考虑 Web 应用的性能因素。比如开发阶段使用模块化开发，每个模块有独立的 JS/CSS/图片等文件。如果不做处理将每个文件独立上线的话，无疑会增加客户端 HTTP 请求的数量，从而影响 Web 应用的性能和用户体验。针对诸如此类的问题，构建还需要包括以下功能。

- **依赖打包**——分析文件依赖关系，将同步依赖的文件打包在一起，减少 HTTP 请求数量。
- **资源嵌入**——比如小于 10KB 的图片编译为 base64 格式嵌入文档，减少一次 HTTP 请求。
- **文件压缩**——减小文件体积，缩短请求时间。
- **hash 指纹**——通过给文件名加入 hash 指纹，以应对浏览器缓存策略。

这些功能的目的是为了提高 Web 应用的性能和用户体验，可以理解为面向优化的。

html 文件与 JS、CSS、图片等资源是引用与被引用关系。被引用的资源经过构建后通常有以下改动。

- **域名/路径改变**——开发环境与线上环境的域名肯定是不同的，不同类型的资源甚至部署于不同的 CDN 服务器上。
- **文件名改变**——经过构建之后文件名被加上 hash 指纹，内容的改动导致 hash 指纹的改变。

以上的改动最终会影响 html 文件对被引用资源的 URL 改变。所以对于 html 文件的构建工作需要注意在其引用资源 URL 改变时同步更新，这个功能通常被称为资源定位。

之所以将被引用资源进行上文所述的改动，是由于测试环境与生产环境的差异性，需要借助部署策略应对。构建在此中的作用可以理解为面向部署的。

综上所述，构建需要解决的问题可以归纳为以下 3 类。

- 面向语言。
- 面向优化。
- 面向部署。

接下来，本章将针对这 3 类问题，通过列举典型的案例，结合 webpack 具体的实现进行详细说明。

3.2 配置 API 设计原则和编程范式约束

作为本书案例的前端工程化方案 Boi 是一个上层框架，内核层集成了 Yeoman、webpack、Express 等基础模块。Express 本身就是一种底层框架，在它的基础上进行方案封装无可厚非。但是 Yeoman 和 webpack 均是可以直接使用的工具，之所以在两者的基础上封装上层框架，一方面是为了 2.4 节所述的工具栈统一；另一方面是以高内聚架构弱化外层配置复杂度，降低一线业务开发人员的学习曲线。另外，webpack 的部分理念与常规的开发习惯稍有冲突，比如本章稍后讲到的资源定位，上层框架在一定程度上弱化了这类冲突。

3.2.1 配置 API 设计

在第 1 章我们简单介绍了用户至上的规范设计原则，配置 API 的设计注重直观性，这个特性恰恰是高度复杂的构建工具所欠缺的。比如存在以下结构的项目文件：

```
├── main.auth.scss
└── main.home.scss
```

这是一个非常简单的项目，存在两个入口 js 文件，使用 SCSS 预编译器编写 style 源码。需求也非常简单，只有以下两点。

1. 两个入口 js 文件 main.auth.js 和 main.home.js 编译产出对应的独立文件，而不是将两者打包成一个文件。

2. 两个 scss 文件 main.auth.scss 和 main.home.scss 编译产出对应的独立 css 文件。

如果使用 webpack 对此项目进行构建，基础配置如下：

```
{
    // 编译入口文件
    entry: {
        home: './src/main.home.js',
        auth: './src/main.auth.js'
    },
    // 编译输出目录和文件名
    output: {
        path: './dest',
        filename: '[name].[hash].js',
        publicPath: '/'
    },
    // 分发编译流程
    module: {
        rules: [{
            test: /\.js$/,
            use: ['babel-loader'],
        },{
            test: /\.scss$/,
            use: ExtractTextPlugin.extract({
                use: [{
                    loader: 'css-loader',
                    options: {
                        url: true,
                        minimize: true,
                        importLoaders: 1
```

```
            },
            'sass-loader'
        }],
        fallback: 'style-loader',
        publicPath: '/'
        })
    }]
},
// 插件
plugins: [
    // Uglify 插件
    new webpack.optimize.UglifyJsPlugin({
        compress: {
            warnings: false
        },
        sourceMap: false
    }),
    // css 导出插件
    new ExtractTextPlugin({
        filename: './dest/css/[name].[hash].css'
    }),
    // 编译 html 插件
    new HtmlWebpackPlugin({
        filename: 'index.html',
        template: 'index.html',
        inject: true,
        minify: {
            removeComments: true,
            collapseWhitespace: true,
            removeAttributeQuotes: true
        }
    })]
}
```

可以看出 webpack 的构建配置非常复杂，而且上述代码只是一个需求非常简单并且非常初级的配置方案。具体到实际开发环境，还需要考虑模块化开发、异步加载、增量更新、动态构建等诸多复杂需求。webpack 毋庸置疑是一款优秀的构建工具，但是拥有强大功能的同时，也具备高度的配置复杂度。开发者需要花费大量的时间阅读文档才能够了解各个配置项对应的具体功能，而且往往需要组合多个配置项才能完成一个具体的构建功能,这非常考验开发者对文档的理解程度。开发者个人的学习能力和理解能力、官方文档是否详细完整(如果你使用过 webpack v1 一定想吐槽粗糙的官方文档),甚至社区、博客等第三方资料是否正确等不确定因素都会影响学习进度,最终影响项目整体的开发周期。另外,社区庞大不代表社区资源能够满足所有的构建需求,对于比较复杂的需求可能需要开发者对构建工具进行扩展甚至二次开发,这也是影响整体开发周期的不确定因素。

经过 Boi 封装后针对上述需求的配置方案如下:

```
boi.spec('basic', {
    // 源码目录
    source: 'src',
    // 编译输出目录
    output: 'dest'
});
boi.spec('js', {
    // JavaScript 文件后缀类型
    ext: 'js',
    // JavaScript 文件目录,相对于 basic.source
    source: 'js',
    // JavaScript 文件输出目录,相对于 basic.output
    output: 'js',
    // js 入口文件的前缀,入口文件的命名规则为[mainFilePrefix].*.[ext]
    mainFilePrefix: 'main',
    // 是否压缩混淆
    uglify: true
});
boi.spec('style', {
    // style 文件后缀类型
    ext: 'scss',
    // style 文件目录,相对于 basic.source
    source: 'style',
    // style 文件输出目录,相对于 basic.output
    output: 'style'
});
```

与直接配置 webpack 相比,不仅降低了配置自身的复杂度,而且各配置项对应的功能一目了然,一线业务开发人员能够快速上手。当然,上层封装的缺点是自身封装的构建方案比较局限，不能将 webpack 全部配置开放给用户，所以需要指定扩展策略以便于用户解决特殊需求，这也就是本章稍后介绍的插件机制。

3.2.2　编程范式约束

方案的封装带来配置便利的同时，必然要求业务代码编程范式遵循既定的约束，这种约束在一定程度上限制了源代码的可移植性。我们在 1.5 节简单提到了 FIS 实现 CSS Sprites 功能时对源代码产生了约束，现在我们仍然以此为例说明对源代码的捆绑如何限制了可移植性。FIS 会对 CSS 源代码中路径带 ?__sprite 标记的图片进行合并。比如有以下 CSS 源码：

```css
.icon__home {
  background-image: url('home.png?__sprite');
}

.icon__auth {
  background-image: url('auth.png?__sprite');
}
```

经过构建之后产出的 CSS 代码为：

```css
.icon__home,icon__auth{
  background-image: url('app_x.png');
}
.icon__home{
  background-position: 0px 0px;
}
.icon__auth{
  background-position: 0px -20px;
}
```

虽然构建功能解决了目前的项目需求，但假设某一天团队需要更换构建工具，源代码中的特殊标记?__sprite 不仅仅会成为冗余代码，而且不能保证这类标记不会与新构建工具产生冲突。即便没有冲突，这种在 URL 后面添加 query 参数的标记也会影响浏览器缓存策略，本章后续将会对此进行详细阐述。

工程化方案作为一种服务，应该尽量降低对项目产生的负面影响。这是制定编程范式约束规范时最重要的考虑因素。

明确了规范和配置 API 的设计原则之后，接下来我们会挑选前端开发中几个比较典型的问题以及对应的解决方案来论述构建功能需要解决哪些具体问题。再次重申，本书的目的并不是告诉你工程化方案每行代码的细节，而是借由具体案例来探讨工程化方案需要解决的问题以及设计原则。

3.3　ECMAScript 与 Babel

JavaScript 是前端工程师最熟悉的一门编程语言，ECMAScript 2015（通常简称 ES6）正式发布后，很多人不再称 JavaScript 为 "JS"，而是将其称为 "ES"。这种并不严谨的称谓虽然不影响具体的开发工作，但是作为专业的前端工程师应该了解 JavaScript 与 ECMAScript 并不是等同的。

前端社区有一种论调是"JavaScript = ECMAScript + DOM + BOM"，虽然这个等式并不十分严谨，但也能够在一定程度上反映出两者的关系。简单地说，ECMAScript 是一个标准，JavaScript 是对 ECMAScript 标准的一个实现子集，或者可以谑称为"方言"，同为 ECMAScript "方言"的还有微软的 JScript 和 Adobe 的 ActionScript。至于 BOM 和 DOM 则是宿主浏览器暴露给 JavaScript 的 API，与 JavaScript 语言自身的规范无关。同理，Node.js 也暴露了相应的 API。所以，JavaScript 与 ECMAScript 的关系更精确的描述应该是："JavaScript = ECMAScript + 宿主 API"。当然，这个等式仍并非完全精确，我们还可以从 JavaScript 和 ECMAScript 的发展历史中得到更精确的答案。

3.3.1　ECMAScript 发展史

我们都知道 JavaScript 正式公布之前的名字叫作 LiveScript，其实它还有另外一个名字 Mocha。这个名字是 JavaScript 项目内部的代称，随后其在 1995 年发布第一个 beta 版本时被正式命名为 LiveScript。最终正式版本被修改为 JavaScript 有两个原因：第一，Brendan Eich 设计 JavaScript 的初衷是开发一种能够在 Netscape Navigator 中运行的类似 Java 的语言，但 Java 的语言规范太复杂且不灵活，所以最终放弃了对 Java 特性和语法的效仿；第二，JavaScript 开发完成之后，Netscape 公司的市场团队与 Sun 公司达成协议，将这门语言命名为 JavaScript，搭上 Java 这个热门词汇作为一种市场推广手段。后来，JavaScript 这个名字便一直沿用至今。

JavaScript 推出后在浏览器上获得了巨大的成功，微软在不久后将自行实现的 JScript 作为 Internet Explorer 3 的一部分推出。两者在用法上存在很大的差异，导致当时的开发者不得不使用大量的兼容措施以便让网站能够同时在 Internet Explorer 和 Netscape 浏览器上运行。实际上，JavaScript 与 JScript 的冲突只是微软和 Netscape 浏览器大战的一个缩影，两家浏览器在宿主机制、脚本语言、CSS、HTML 等多个方面都存在巨大的差异。值得一提的是，JScript 在当时就已经支持服务器端渲染了，这不得不说是领先于 JavaScript 的一方面。

浏览器之间的战争不仅加重了开发者的工作量，更是以牺牲用户体验换取市场，很多网站不得不在明显的位置注明"在××浏览器下体验更佳"。这绝非是良性的、持久的竞争策略。这种情况就像是中国古代分裂的各国使用各自独立的度量衡一样，是阻碍贸易发展的绊脚石。后来秦始皇用统一度量衡的办法解决了这个问题。同理，缓解浏览器大战的银弹也是统一，首当其冲的就是脚本语言。

1996 年 11 月，Netscape 公司向 Ecma 国际（Ecma International）递交了 JavaScript 标准化提案，也就是我们熟知的 ECMA-262 标准。之所以命名为 ECMAScript，主要是为了缓解 Netscape 和微软对命名的争论。JavaScript 的发明者 Brendan Eich 曾吐槽道："ECMAScript 听起来像是一种皮肤病的名字"。1997 年 6 月 ECMAScript 第一个版本正式发布，也就是 ES1。1998 年 6 月，按照 ISO/IEC 16262 标准修正后的第二个版本发布，也就是 ES2，内容与 ES1 基本一致。1998 年 12 月发布的 ES3 加入了正则表达式、异常处理等新特性，并优化了字符串处理、数字格式化、错误信息等原有特性。至此为止，ECMAScript 标准保持着稳步发展，但在第四个版本的制定过程中却出现了严重的分歧。ES4 提案中包括了很多即使现在看来也非常激进的特性，比如：

- 类。
- 模块体系。
- 静态类型。
- Generator 和 Interator。
- 解构赋值。

> 小贴士：上述大多数特性在 ES6 中被正式引入。

ES4 提案相对于 ES3 的跨度太大，引起了负责制定 ECMAScript 规范的 TC39（当时叫作 TC39-TG1）委员会内部的两极分化。最终导致了 ES4 提案被废弃，只保留极少数的特性以 ES3 Harmony 版本[1]发布。所以严格意义上并不存在 ES4 这个版本。自此，ECMAScript 规范的发布进入了漫长的等待期。自 2009 年发布 ES5 之后，时隔 6 年，2015 年 6 月 ES6 带着 ES4 提案的诸多特性正式发布。随后，TC39 改变了 ECMAScript 规范的发布策略：不再长时间积攒发布大跨度的版本，而是每年增加少量特性频繁发布。

ES6 的发布带给 JavaScript 革命性的进步，ES4 提案之所以被否定，原因之一便是当时的浏览器、JavaScript 引擎的性能并不能承载大规模的 Web 应用程序。随着浏览器自身功能的增强、V8 等 JavaScript 引擎性能的提升，以及 HTML5 带来的 LocalStorage 等设备底层权限，现在的浏览器客户端完全可以支撑体量庞大的 Web 应用程序。

3.3.2　ES6 的跨时代意义

之所以说 ES6 带给 JavaScript 跨时代的意义，不仅仅是因为语言本身加入了类、

---

[1] 有一种论调是将 ES3 Harmony 看作 ES4 的阉割版本，而笔者更倾向于将其看作 ES3 的增量版本。类似的概念可以类比 Node.js 的 Harmony 模式。

静态模块体系、块级作用域等高级编程语言才具备的特性，更多的是因为以 ES6 为代表的前端界规范意识的加强。

ECMAScript 规范虽然在一定程度上缓解了浏览器之间的战争，但其实硝烟从未消散过。即使是 ES5 年代，微软的 IE 浏览器仍然坚持着自己的策略，这一切都依仗 Windows 系统庞大的用户量。虽然微软在浏览器发展历史中有不可磨灭的贡献，但是 IE 浏览器近似固执的一些特性（ActiveX、VB 脚本等）不断挑战着用户的容忍度。图 3-1 是来自 Net Applications 公司 2016 年 12 月浏览器市场份额的调查数据。

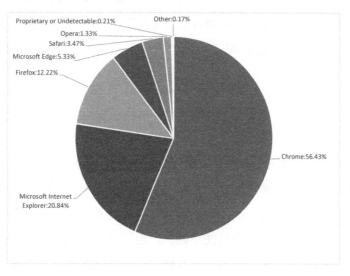

图 3-1

2015 年在旧金山 Build 大会上，微软公布了新的浏览器品牌 Microsoft Edge，揭开了 IE 时代落幕的序章。虽然企业市场上 IE 浏览器仍然占据着绝对领先的地位，但越来越多的普通用户更加青睐于 Chrome、Firefox 等浏览器。虽然背后的原因多种多样，但不可忽视的是，Chrome 等浏览器能够更加流畅地运行复杂的 Web 应用程序，甚至可以实现 IE 浏览器不能实现的功能。而支撑这些功能的背后力量是对 ECMAScript、CSS3、HTML5 等规范和特性的支持。微软也逐渐意识到规范的力量，IE11 以及最新的 Edge 浏览器对 HTML5/CSS3 的支持度已经不逊于 Chrome 等浏览器。而对于最新的 ECMAScript 规范的实现，Chrome 仍然占据着领先地位。

ES6 是前端界规范意识增强的一个缩影，相似案例比如 CSS 预编译器的逐渐落寞、PostCSS 的崛起等都预示着未来各浏览器平台支持统一的规范。使用最新的 ECMAScript 规范编写源代码可以被谑称为"面向未来编程"。

3.3.3 Babel——真正意义的 JavaScript 编译

虽然最新的 ECMAScript 规范为 JavaScript 编程带来了更多便利，比如更优雅的异步编程、更严谨的作用域等，但是目前浏览器对 ECMAScript 规范的实现仍远远落后于规范的更新速度。即使最新版本的 Chrome 浏览器目前也没有完全支持 ECMAScript 2015，而 ECMAScript 规范已经更新到了 2017 版本。但这并不意味着我们不能使用最新的 ECMAScript 规范，因为有 Babel——下一代 JavaScript 语法编译器。

在讲解 Babel 具体是什么之前，我们不妨先回顾一下在 Babel 出现之前是如何进行 JavaScript 编程的。比如我们必须在兼容 IE8 浏览器与 `bind()` 函数之间进行抉择，结果要么是放弃 `bind()`，要么自行封装或者使用 jQuery 等第三方类库实现相似的效果。那个时代的 JavaScript 编程是直接面向目标浏览器的，技术选型、API 使用最重要的考虑因素是浏览器的兼容性。甚至项目的功能有时也需要做一定的折中以便能够在低版本浏览器上运行。面向浏览器编程的好处是编写的源代码不经任何处理便可以在目标浏览器上运行，而且便于调试。但这并不意味着工作效率的提升，恰恰相反，开发人员需要花费大量的时间和精力处理浏览器的兼容问题。也正是因为这个原因，jQuery、Underscore.js 之类的工具库备受欢迎。简单地讲，当时的开发模式是由开发者人为地处理兼容问题，针对 JavaScript 的构建也只是最基础的压缩打包。

ES6 诸多新特性和"语法糖"带给 JavaScript 编程前所未有的便利，但是受限于浏览器的兼容性而不得使用，这时急需一种类似 CSS 预编译器的工具将其转化为浏览器可运行代码，这就是催生 Babel 的市场因素。IE 浏览器的落寞和移动 Web 的崛起令许多 Web 应用程序逐渐放弃了对老版本浏览器的兼容，这是 Babel 得以大规模应用的环境因素。

Babel 的作用简单概括就是将浏览器未实现的 ECMAScript 规范语法转化为可运

行的低版本语法，比如将 ES6 的 class 转化为 ES5 的 prototype 实现：

```
class Super {
    constructor() {
        this.name = 'super';
    }
    getName() {
        return this.name;
    }
}
```

经 Babel 转化后输出的代码如下：

```
'use strict';

var _createClass = function() {
    function defineProperties(target, props) {
        for (var i = 0; i < props.length; i++) {
            var descriptor = props[i];
            descriptor.enumerable = descriptor.enumerable || false;
            descriptor.configurable = true;
            if ("value" in descriptor) descriptor.writable = true;
            Object.defineProperty(target, descriptor.key, descriptor);
        }
    }
    return function(Constructor, protoProps, staticProps) {
        if (protoProps) defineProperties(Constructor.prototype, protoProps);
        if (staticProps) defineProperties(Constructor, staticProps);
        return Constructor;
    };
}();

function _classCallCheck(instance, Constructor) {
    if (!(instance instanceof Constructor)) {
        throw new TypeError("Cannot call a class as a function");
    }
}

var Super = function() {
```

```
    function Super() {
        _classCallCheck(this, Super);

        this.name = 'super';
    }

    _createClass(Super, [{
        key: 'getName',
        value: function getName() {
            return this.name;
        }
    }]);

    return Super;
}();
```

Babel 根据具体的配置参数决定编译输出的具体语法，所有的配置参数均由项目针对的浏览器特性决定，比如兼容 IE8 需要配置 Babel 将部分 ES6 语法转化为 ES3 语法，如图 3-2 所示。

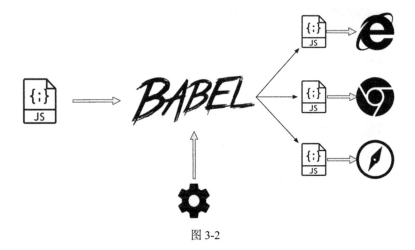

图 3-2

从上文代码中可以看出，ES6 寥寥的几行代码需要几十行 ES5 的代码才可以实现，ES6 对开发效率和源代码可维护性的提升是非常可观的。你可能会提出质疑：有时候项目需求很简单并且逻辑要求并不严谨，开发者自行实现类似 class 的逻辑可能并不需要几十行代码，比如以下代码：

```
function Super(){
   this.name = 'super';
}
Super.prototype.getName = function(){
   return this.name;
};
```

使用 Babel 后反而增加了 js 文件的体积，我真的需要 Babel 吗？

首先需要明确的是，任何工具都有所对应的应用场景。对于需求非常简单的小型项目来讲，Babel 的意义确实不大。从转化后的代码可以看出，Babel 将 class 转化为两部分：工厂函数代码和创建 class 本身的代码。这种模式的作用会随着项目代码量的增大而被逐渐放大。

狭义上的编译指的是，将由高级编程语言编写的源程序翻译成计算机可识别的二进制语言。宏观地讲，将目标环境不识别的源程序翻译成可识别程序的过程都可以称为编译。之所以说 Babel 出现之前针对 JavaScript 程序的处理不能被称为编译，是因为源程序即使不经过处理也能够在浏览器内运行，因为开发者在开发过程中已经针对目标浏览器做了相应处理。Babel 将这些工作提升到了工具层面，开发者编写的源程序并不能在浏览器内运行，类似的案例可以参考 CSS 预编译器。

小贴士：不得不承认的是，CSS 开发领域中的某些理念是领先于 JavaScript 的，从 CSS 预编译中可以隐约看到 Babel 的理念雏形：使用高效率的、宿主不支持的语法进行源代码开发，由编译工具将其转化为目标宿主可识别的语法。但是 CSS 预编译语法并不是 CSS 规范，并且仍然需要开发人员编写 mixins 处理 hack，最近迅速崛起的 PostCSS 反其道而行之，鼓励开发人员直接编写规范的 CSS 源码，把 hack、sprites 等工作交给 PostCSS，这是与 Babel 理念相通的地方。但由于 CSS 自身的弱编程能力，直接编写 CSS 仍然十分痛苦，所以目前普遍的方案是将 CSS 预编译与 PostCSS 综合使用。本章后续会详细讲解具体方案的实施。

3.3.4 结合 webpack 与 Babel 实现 JavaScript 构建

虽然我们完全可以使用 Babel 官方提供的命令行工具进行 JavaScript 的编译工作，但是规范的转译仅仅是对 JavaScript 的处理的一部分，而将 Babel 与 webpack 结合使用可以搭建更完善的构建功能，以便打造完整的前端工程体系。

babel-loader 是 Babel 官方提供的 webpack 插件，使用方法与常规的 webpack loader 插件相似，以下代码是一个典型的 babel-loader 配置项：

```
module: {
  rules: [
    {
      test: /\.js$/,
      exclude: /(node_modules|bower_components)/,
      use: {
        loader: 'babel-loader',
        options: {
          presets: ['es2015'],
          plugins: [require('babel-plugin-transform-object-rest-spread')]
        }
      }
    }
  ]
}
```

具体的配置细节请参考官方文档，此处不再赘述。结合 webpack v2 与 babel-loader 编译 JavaScript 需要注意如下两个方面。

1）babel-preset-env 的使用。

2）如果想使用 Babel 编译 test 规则以外文件中<script>标签内的 JavaScript 代码，必须由 .babelrc 文件进行配置。

1. babel-preset-env

Babel 提供了丰富的 preset 插件供开发者根据项目具体需求进行自由搭配，比如上述代码描述的是一个典型的使用 Babel 编译 ES2015（也就是 ES6）规范的配置。babel-preset-es2015 插件是一个集合，包含了将 ES6 转化为 ES5 对应语法的所有插件。但在实际开发过程中，根据项目针对浏览器版本的不同，部分 ES6 语法并不需要转化为 ES5。比如项目只需要兼容 Chrome 59 以上的版本，浏览器自身已经实现了对箭头函数的支持，源码中的箭头函数就没有必要转化为 ES5 语法。当然，你可以自己搭配各个独立的插件以便剔除 babel-preset-es2015 中的冗余部分。这并不是一件容易的事，一个最重要的前提是你必须知道你的项目针对的浏览器已经支持了哪些新规范，这需要花费大量的时间和精力。

babel-preset-env 节省了你搭配插件的时间，你可以告诉它需要兼容的目标浏览器版本，它会根据绝对官方的数据获悉这些浏览器所支持的规范，随后根据这份数据组合需要的 Babel 插件并最终将源代码编译为目标浏览器兼容的语法。比如项目只需要兼容 Chrome 59，就可以进行如下配置：

```
"presets": [
  [
    "env",
    {
      "targets": {
        "chrome": 59
      }
    }
  ]
]
```

或者需要兼容所有浏览器的最新的两个版本以及 IE7 以上浏览器：

```
"presets": [
  [
    "env",
    {
      "targets": {
```

```
        "browsers": ["last 2 versions", "ie >= 8"]
      }
    }
  ]
]
```

甚至可以根据市场占有份额配置：

```
"presets": [
  [
    "env",
    {
      "targets": {
        "browsers": "> 5%"
      }
    }
  ]
]
```

有了 babel-preset-env 插件，我们不必花费精力去调研项目需要转化哪些规范语法，你可以放心地使用最新的 ECMAScript 规范，babel-preset-env 会根据项目的运行平台（浏览器/Node.js）版本进行针对性的编译。但是需要注意的是，babel-preset-env 组合插件的范围只包括针对已经发布和确定会加入下一版规范的特性编译插件，不包括处于 stage 0~3[1] 的特性。此外，babel-preset-env 插件可以将 ES6 Module 语法转化为其他模块化规范，比如 AMD 和 CommonJS 等，默认情况下转化为 CommonJS。结合 webpack 和 babel-loader 进行编译时务必将此配置项设置为 `false`，否则会影响

---

1 TC39 委员会将 ECMAScript 规范的提案做了以下归类。
- **stage 0**——Strawman，这部分提案的来源包括 TC39 委员会成员以及贡献者。Strawman 直接翻译过来是"稻草人"的意思，这个单词在英语中有另外一层含义，即 an argument, claim, or opponent that is invented in order to win or create an argument，可以简单地理解为一种为了引起争议/讨论的观点。
- **stage 1**——Proposal，值得深入研究的提案。
- **stage 2**——Draft，加入草案的提案，有可能加入最终的正式版本。
- **stage 3**——Candidate，接近完成的提案，在正式发布之前需要得到用户（比如浏览器厂商）的反馈。
- **stage 4**——Finished，确定会加入下一版正式规范中的提案。

webpack 自身的编译功能。

最终，一组完整的 babel-loader 配置项如下：

```
{
    test: /\.js$/,
    exclude: /(node_modules|bower_components)/,
    use: {
      loader: 'babel-loader',
      options: {
        presets: [['env': {
          'modules': false // 禁用 babel-preset-env 的模块化规范转化
        }],
        'stage-2' //建议使用成熟度较高的试验性规范
        ],
        // 其他插件，根据项目具体需求自由搭配
        plugins: [require('babel-plugin-transform-object-rest-spread')]
      }
    }
}
```

2. babelrc 文件

使用 babel-loader 在 webpack 中进行 `options` 配置有一个致命缺陷：编译只会匹配符合 `test` 规则的文件。比如上文中 babel-loader 配置完成之后只会配置符合 `/\.js$/` 规则的文件，也就是后缀名为 `.js` 的文件。有些特殊业务框架编写的源代码需要将 `<script>` 标签内部的 JavaScript 代码使用 Babel 编译，比如以 `.vue` 为后缀的 Vue 单文件组件。

vue-loader 是针对 `.vue` 类型文件的 webpack 编译插件，假设项目中使用了 Vue 框架并且需要将其中的 ES6 代码编译为 ES5，很多人想当然地以为只要加入 vue-loader 配置即可，如下：

```
module: {
  rules: [
    {
```

```
      test: /\.js$/,
      exclude: /(node_modules|bower_components)/,
      use: {
        loader: 'babel-loader',
        options: {
          // babel-loader options
        }
      }
    },
    {
      test: /\.vue$/,
      loader: 'vue-loader',
      options: {
        // vue-loader options
      }
    }
  ]
}
```

但上述配置并不能满足需求,如果.vue 文件中使用了浏览器未实现的 ES 规范语法,最终编译产出的 JavaScript 文件在浏览器环境中将会抛出语法错误。这是因为 babel-loader 并未对.vue 文件中`<script>`内的 JavaScript 代码进行编译。

解决这个问题的办法就是使用.babelrc 文件取代 webpack 配置中 babel-loader 的 `options`。上文中 babel-loader 完整配置项映射到.babelrc 文件的内容如下:

```
{
  "presets": [
    ["env",{
      "modules": false
    }],
    "stage-2"
  ],
  "plugins": [
    "transform-object-rest-spread"
  ]
}
```

修正之后 webpack 的配置方案如下:

```
module: {
  rules: [
    {
      test: /\.js$/,
      exclude: /(node_modules|bower_components)/,
      use: {
        loader: 'babel-loader'
      }
    },
    {
      test: /\.vue$/,
      loader: 'vue-loader',
      options: {
        // vue-loader options
      }
    }
  ]
}
```

同时项目目录下新增了 .babelrc 文件:

```
.
├── .babelrc
├── package.json
└── src
    ├── assets
    ├── index.html
    ├── js
    │   ├── App.vue
    │   └── main.app.js
    └── style
        └── main.app.css
```

3.4　CSS 预编译与 PostCSS

CSS 全称 Cascading Style Sheets（层叠样式表），用来为 HTML 添加样式，本质上是一种标记类语言。CSS 前期发展非常迅速，1994 年哈肯·维姆·莱首次提出 CSS，1996 年 12 月 W3C 推出了它的第一个正式版本。随后不到 2 年的时间，1998 年 5 月便推出了它的第二个版本,一直沿用至今。但是 CSS3 的制定工作却迟迟没有完成。CSS3 最初的草案在 1999 年便被提出,但是直到今日 CSS3 规范仍然有部分特性没有完成。如果说 ES6 与 ES5 相隔的 6 年时间让开发者熬尽了心肝,那么从提案到发布相隔近 20 年光阴的 CSS3 可以说是千呼万唤始出来,而且犹抱琵琶半遮面。

3.4.1 CSS 的缺陷

作为浏览器唯一可识别编写样式的语言,CSS 是前端工程师难以避免的一道坎。CSS 的初衷是为了弥补 HTML 原生样式的不足,早期对样式要求并不复杂的 Web 站点仅需要少量的 CSS 代码即可。在如今 Web 应用程序追求极致用户体验的潮流下,对 CSS 的要求也不断提高。复杂 CSS 开发是一件非常痛苦的事情,最主要的原因是受限于浏览器的实现以及 CSS 自身的弱编程能力。

1. 浏览器实现不理想甚至实现方案各一。对 CSS 的兼容处理几乎是每个前端工程师必备的技能,究其根本是浏览器对 CSS 规范的实现程度和方案不一。其中尤以 IE 浏览器最甚,包括使用 IE 内核的众多国产浏览器。虽然目前绝大多数 Web 应用已经不再兼容 IE8 以下的浏览器,但 IE8 和 IE9 仍然让前端工程师头疼不已。

2. CSS 的弱编程能力。CSS 通过 "selector-properties" 的模式为 HTML 文档增加样式,简单的语法可以让没有任何编程基础的初学者或者设计人员很快上手。但 CSS 不支持嵌套,甚至运算、变量、复用等这些几乎是编写复杂代码的必备特性也不支持。从 CSS3 引入的 `cal()` 以及处于草案阶段的 `var()`,可以隐约看出 W3C 有意加强 CSS 的编程能力。

开发者不断探索着能够弥补这些缺陷的解决方案,CSS 预编译器是第一种顺势而生的革命性方案。

3.4.2 CSS 预编译器

CSS 预编译器的工作原理是提供便捷的语法和特性供开发者编写源代码,随后经过专门的编译工具将源码转化为 CSS 语法。最早的 CSS 预编译器是 2007 年起源于 Ruby on Rails 社区的 SASS，目前比较流行的其他 CSS 预编译器如 LESS、Stylus 的诞生都在一定程度上受到了 SASS 的影响和启发。

CSS 预编译器几乎成为现如今开发 CSS 的标配，它从以下几个方面提升了 CSS 开发的效率。

1. 增强编程能力。

2. 增强源码可复用性，让 CSS 开发符合 DRY（Don't repeat yourself）的原则。

3. 增强源码可维护性。

4. 更便于解决浏览器兼容性。

不同的预编译器特性虽然有所差异，但核心功能均围绕这些目标打造，比如：

- 嵌套。
- 变量。
- mixin/继承。
- 运算。
- 模块化。

嵌套是所有预编译器都支持的语法特性，也是原生 CSS 最让开发者头疼的问题之一；mixin/继承是为了解决 hack 和代码复用；变量和运算增强了源码的可编程能力；模块化的支持不仅更利于代码复用，同时也提高了源码的可维护性。

3.4.3 PostCSS

CSS 预编译的理念与 Babel 有一定相通之处，最重要的区别是：预编译语法并非规范的 CSS，而是各成一派。由预编译语法编写的源代码不能在任何宿主浏览器中运行。所以可以预见的是，如果未来 CSS 规范推出了预编译类似的特性和语法，这些预编译器都将成为历史的尘埃。PostCSS 则反其道而行之，从理念上更加接近

Babel，业内也有人将其称为"CSS 的 Babel"。

PostCSS 鼓励开发者使用规范的 CSS 原生语法编写源代码，然后配置编译器需要兼容的浏览器版本，最后经过编译将源码转化为目标浏览器可用的 CSS 代码。PostCSS 提供了丰富的插件用于实现不同场景的编译需求，最常用的比如 autoprefixer、Sprites 等，编译流程如图 3-3 所示。

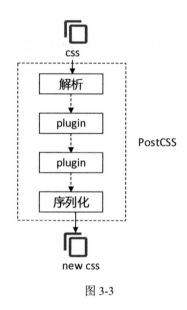

图 3-3

PostCSS 并不是另一种 CSS 预编译器，与 SASS、LESS 等预编译器也并不冲突。PostCSS 与 Babel 的不同之处在于，它所支持的所谓"未来 CSS 语法"并不是严格的 CSS 规范，其中大部分语法和特性目前只是 CSS4 的草案而已。很多人将 PostCSS 称为"CSS 后编译器"，这个称谓可以在一定程度上说明目前业界对 PostCSS 的普遍使用方案，如图 3-4 所示。

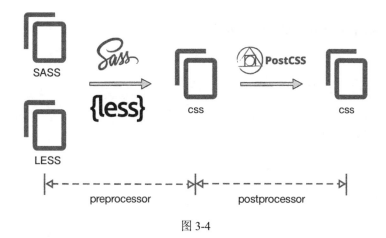

图 3-4

即使是 PostCSS 支持的"未来 CSS 语法"也并不能完全弥补 CSS 的缺陷，所以目前普遍的方案是将 CSS 预编译与 PostCSS 综合在一起。

- 使用 CSS 预编译弥补 CSS 源码的弱编程能力，比如变量、运算、继承、模块化等。
- 使用 PostCSS 处理针对浏览器的需求，比如 autoprefix、自动 CSS Sprites 等。

3.4.4　webpack 结合预编译与 PostCSS 实现 CSS 构建

通过 webpack 配置项中的 use 指定的 loader 是按照索引反向执行的，比如存在下述配置方案：

```
{
  test: /\.less$/,
  use: [
    'style-loader',
    'css-loader',
    'less-loader'
  ]
}
```

.less 后缀类型的文件依次经过 less-loader、css-loader 和 style-loader 编译。在这种工作模式的基础上，结合如图 3-4 所示的编译流程，使用 webpack 结合 CSS 预编译与 PostCSS 的编译方案便一目了然了：

```
{
  test: /\.less$/,
  use: [{
    loader: 'style-loader',
    options: {} // style-loader options
  },{
    loader: 'css-loader',
    options: {
      importLoaders: 2 // css-loader options
    }
  },{
    loader: 'postcss-loader',
    options: {} // postcss-loader options
  },{
    loader: 'less-loader',
    options: {} // less-loader options
  }]
}
```

上述配置中有以下需要注意的细节。

1. css-loader 中 importLoaders 选项的作用是，用于配置 css-loader 作用于 @import 的资源之前需要经过其他 loader 的个数。@import 用于 CSS 源码中引用其他模块的关键字，如果你的项目中确定不会涉及模块化，可以忽略此配置项。

2. 如果需要将编译后的 css 文件独立导出，则须将 style-loader[1] 替换为 extract-text-webpack-plugin，如下：

```
{
  test: /\.less$/,
  use: ExtractTextPlugin.extract({
```

---

[1] 很多初学者容易混淆 css-loader 和 style-loader 的作用。css-loader 的作用是解析 css 源文件并获取其引用的资源，比如@import 引用的模块、url()引用的图片等，然后根据 webpack 配置编译这些资源。style-loader 负责将 CSS 代码通过<style>标签插入 HTML 文档中，所以如果独立导出 css 文件就不再需要 style-loader。css-loader 必须在 style-loader 之前执行。

```
    use: [{
      loader: 'css-loader',
      options: {
        importLoaders: 2 // css-loader options
      }
    },{
      loader: 'postcss-loader',
      options: {} // postcss-loader options
    },{
      loader: 'less-loader',
      options: {} // less-loader options
    }],
    publicPath: '/'
  })
}
```

3.4.5 案例：自动生成 CSS Sprites 功能实现

虽然 CSS 预编译结合 PostCSS 的编译方案架构上非常简单，但其中有很多细节需要考究，包括对编程范式的约束规范以及具体的实现方案。在此我们挑选一个比较典型的案例：自动 CSS Sprites 功能。

1．需求梳理

CSS Sprites 的功能需求简单说就是将 CSS 中引用的散列图标合并成一张 Sprites 图片，目的是为了减少 Web 应用的 HTTP 请求数，增强用户体验。从功能角度来讲比较单一，从实现角度来讲需要考虑以下几点。

1）如何区分 CSS 中引用的图片是否为可合并的散列图标？为何部分 DOM 使用的背景图片不需要合并为 Sprites 图片？

2）如何处理多页面项目中为各页面独立生成 Sprites 图片？为何项目中两个页面 home 和 auth 各有独立的图标集，需要生成 home.icons.png 以及 auth.icons.png？

3）如何处理为适配多种分辨率屏幕生成不同分辨率的 Sprites 图片？比如有普通 Sprites 图片 app.icons.png，另外需要生成针对高清屏幕的 app.icons@2x.png 以及

app.icons@3x.png 的 Sprites 图片。

以上几点的解决方案会要求项目文件的组织结构和 CSS 源码的编写范式遵循既定的规范，而规范的约束必然是以牺牲项目的自由度以及可移植性为代价的，所以设计规范约束时应尽可能以减少对项目可移植性的影响为原则。

2. 规范设计

3.2 节简单介绍了 FIS（一套比较完整的前端工程化方案）在实现 CSS Sprites 功能时需要在待合并图标 URL 后面增加?__sprites 标记。这种模式的优点是可以精确地进行定位，而且对图标文件的路径没有强制要求，可以将图标文件与其他资源文件混合存放。但是，在代码中书写标识首先对业务开发人员的细心程度有一定要求，须注意不要遗漏标记；其次，这种模式实质上是对代码的一种"绑架"，代码中存在与业务无关的内容并且可移植性不高。

作为服务性质的工程化方案，规范的设计需要遵循用户与扩展至上的原则。具体到 CSS Sprites 功能，首先配置 API 需要尽量语义化、简单明了；其次，应尽量减少对源代码的捆绑；最后，方案的封装必然会在一定程度上对工具模块原本的功能产生限制，所以在主配置 API 以外，还须提供高级配置 API 以便用户直接配置工具模块。基于以上原则，Boi 暴露出的配置 API 如下：

```
boi.spec('style', {
    ext: 'scss',
    // CSS Sprites 自动生成功能配置
    sprites: {
        // 散列图片目录
        source: 'icons',
        // 是否根据子目录分别编译输出
        split: true,
        // 是否识别 retina 命名标识
        retina: true,
        // 自行配置 postcss-sprite 编译配置
        postcssSpritesOpts: null
    }
```

```
});
```

具体的规范约束如下。

1）使用文件路径识别散列图标。根据上述代码配置项，处于 `icons` 目录内的文件为待合并的散列图标。

2）多页面项目如果各页面有独立的 Sprites 图片，需要将各页面散列图标存放于各自的子目录下。比如 `home` 和 `auth` 两个页面的散列图标需要分别存放于 `icons/home` 和 `icons/auth` 子目录下。

3）针对高清屏幕的散列图标文件须命名为[name]@[dpi]x.png，其中[name]为图标名称，[dpi]为匹配的屏幕像素比，比如 about@2x.png。编译后将会生成独立的 Sprites 图片。

3. 实现方案

自动生成 CSS Sprites 功能实现借助于 PostCSS 的插件 postcss-sprites，配置 postcss-loader 如下：

```
{
  loader: 'postcss-loader',
  options: {
    plugins: [
      require('postcss-sprites')(postcssSpritesOpts)
    ]
  }
}
```

其中 postcssSpritesOpts 是 postcss-sprites 的配置文件，下面结合上文提到的 Boi 配置项，进一步说明如何映射为 postcss-sprites 的配置方案：

- 合法性过滤

首先根据 Boi 配置创建合法散列图标的验证正则表达式：

```
// 合法的散列图标名称（包括路径）
const REG_SPRITES_NAME = new
RegExp(`${path.posix.normalize(sprites.source).replace(/^\.*/,
'').replace(/\//, '\\/')}\\/\.+\\.(png|gif|jpg)\$`,'i');
```

然后在 postcss-sprites 的 `filterBy` 钩子函数内进行合法性验证：

```
filterBy: image => {
    if (!REG_SPRITES_NAME.test(image.url)) {
        return Promise.reject();
    }
    return Promise.resolve();
}
```

- 分组规则

分组的依据有两个：目录名称和分辨率标识。首先需要根据用户的配置创建目录名称验证和分辨率标识验证的正则表达式：

```
// 合法的散列图路径
const REG_SPRITES_PATH = new
RegExp(`${path.posix.normalize(sprites.source).replace(/^\.*/,
'').replace(/\//, '\\/')}\\/(.*?)\\/.*`, 'i');
// 合法的分辨率标识
const REG_SPRITES_RETINA = /@(\d+)x\./i;
```

然后通过 postcss-sprites 的 `groupBy` 钩子函数进行分组规则制定：

```
groupBy: (image) => {
    let groups = null;
    let groupName = undefined;

    if (sprites && sprites.split) {
        groups = REG_SPRITES_PATH.exec(image.url);
        groupName = groups ? groups[1] : 'icons';
    } else {
        groupName = 'icons';
    }
    if (spritesConfig && spritesConfig.retina) {
        image.retina = true;
        image.ratio = 1;
```

```
        let ratio = REG_SPRITES_RETINA.exec(image.url);
        if (ratio) {
            ratio = ratio[1];
            while (ratio > 10) {
                ratio = ratio / 10;
            }
            image.ratio = ratio;
            image.groups = image.groups.filter((group) => {
                return ('@' + ratio + 'x') !== group;
            });
            groupName += '@' + ratio + 'x';
        }
    }
    return Promise.resolve(groupName);
}
```

上述代码包括以下逻辑。

1）如果用户配置 `split: true`，Boi 会对子目录进行正则验证，如果存在子目录将会单独分组；如果不存在子目录，子默认分组名称为"icons"。

2）如果用户配置 `retina: true`，Boi 会验证图标文件名是否包含分辨率标识，如果存在则将 groupName 加上类似"@2x"的后缀。

4. 扩展 API

Boi 预留了 `postcssSpritesOpts` 配置项便于用户直接配置 postcss-sprites 插件，如果此配置项不为空，则优先级应高于默认配置：

```
if (sprites.postcssSpritesOpts) {
  postcssSpritesOpts =
Object.assign({...postcssSpritesOpts},sprites.postcssSpritesOpts);
  }
```

综上所述，CSS Sprites 功能的完整配置如下：

```
{
  loader: 'postcss-loader',
```

```
options: {
  plugins: [
    require('postcss-sprites')({
      retina: sprites.retina || false,
      groupBy: (image) => {
        let groups = null;
        let groupName = undefined;

        if (sprites && sprites.split) {
          groups = REG_SPRITES_PATH.exec(image.url);
          groupName = groups ? groups[1] : 'icons';
        } else {
          groupName = 'icons';
        }
        if (spritesConfig && spritesConfig.retina) {
          image.retina = true;
          image.ratio = 1;
          let ratio = REG_SPRITES_RETINA.exec(image.url);
            if (ratio) {
              ratio = ratio[1];
              while (ratio > 10) {
                ratio = ratio / 10;
              }
              image.ratio = ratio;
              image.groups = image.groups.filter((group) => {
                return ('@' + ratio + 'x') !== group;
              });
              groupName += '@' + ratio + 'x';
            }
        }
        return Promise.resolve(groupName);
      },
      filterBy: image => {
        if (!REG_SPRITES_NAME.test(image.url)) {
          return Promise.reject();
        }
        return Promise.resolve();
      },
      hooks: {
        // 重命名输出的 Sprites 图片名称
        onSaveSpritesheet: function (opts, spritesheet) {
```

```
            const FilenameChunks =
spritesheet.groups.concat(spritesheet.extension);
            return Path.posix.join(opts.spritePath,
FilenameChunks.join('.'));
        },
        // 注入各图标尺寸
        onUpdateRule: (rule, token, image) => {
          ['width', 'height'].forEach(prop => {
            rule.insertAfter(rule.last, require('postcss').decl({
              prop: prop,
              value: image.coords[prop] + 'px'
            }));
          });
          require('postcss-sprites/lib/core').updateRule(rule, token, image);
        }
      }))
    ]
  }
}
```

3.5 模块化开发

模块化开发并不是一个新鲜的物种，在 Java、C#等开发领域中模块化是非常成熟的语言特性。前端模块化之所以落后于其他开发领域，是因为前端这个岗位本身起步较晚，不论是从语言规范还是社区资源均受限于短暂的发展期而处于落后地位。同时由于 Web 应用程序宿主浏览器的特殊性，前端模块化策略需要具备动态特性，相比服务器端语言的静态模块体系存在一定的差异。

3.5.1 模块化与组件化

严格来讲，组件（component）和模块（module）是两个不同的概念。两者的区别主要体现在颗粒度层面。*Documenting Software Architectures* 一书中对于组件和模块的解释如下：

A module tends to refer first and foremost to a design-time entity. ... information hiding as the criterion for allocating responsibility to a module.

A component tends to refer to a runtime entity. ... The emphasis is clearly on the finished product and not on the design considerations that went into it.

In short, a module suggests encapsulation properties, with less emphasis on the delivery medium and what goest on at runtime. Not so with components. A delivered binary maintains its "separateness" throughout execution. A component suggests independently deployed units of software with no visibility into the development process.

简单地讲，模块是一个白盒，侧重的是对属性的封装，重心在设计和开发阶段，不关注运行时逻辑；组件是一个可以独立部署的软件单元，面向的是运行时，侧重于产品的功能性。组件是一个黑盒，内部的逻辑是不可见的。模块可以理解为零件，比如轮胎上的螺丝钉；而组件则是轮胎，是具备某项完整功能的一个整体。具体到前端领域，一个 button 是一个模块，一个包括多个 button 的导航栏是一个组件。

模块和组件的争论由来已久，甚至某些编程语言对两者的实现都模糊不清。前端领域也是如此，比如 bower 安装的第三方依赖目录是 bower_component；而 npm 安装的目录是 node_modules。当然没必要为了这种概念性的东西争得头破血流，一个团队只要统一思想，保证开发效率就可以了。至于是命名为 module 还是 component，都无所谓。

3.5.2　模块化与工程化

模块化是属于架构层面的概念，前端工程化与模块化的关系类似于组装车间与零件。前端工程体系中的构建系统最重要的功能之一便是支持模块化规范并能够将散列的模块构建为利于部署的整合文件，如图 3-5 所示。

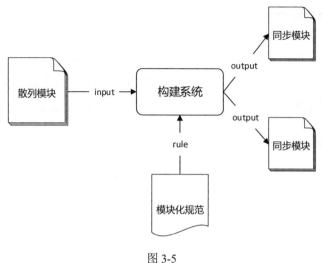

图 3-5

完成散列模块的整合只是第一步，应用于生产环境的模块化构建系统还需要兼顾性能优化。一个典型的场景是使用文件名 hash 指纹实现增量更新，本章 3.6 节将详细讲解模块化构建过程中对于文件 hash 指纹的处理方案。

3.5.3 模块化开发的价值

模块化开发的价值有以下几点。

1）避免命名冲突。

2）便于依赖管理。

3）利于性能优化。

4）提高可维护性。

5）利于代码复用。

1. 避免命名冲突

JavaScript 没有语言层面的命名空间概念,编写通用模块(比如工具方案集)的普遍方案是将其暴露给全局作用域,这种方案最大的问题是无法有效地防止命名冲突。比如我们需要编写一个通用的工具函数 each() 来遍历数组:

```
function each(){}
```

然而随着项目的迭代,我们需要一个遍历 Object 的工具函数,解决方案只有以下两种。

1)在原有 each() 函数基础上进行扩展。

2)编写名称与 each() 不同的新函数,比如 eachForObject()。

第一种方案难以实施的原因在于:

- 开发难度大。对原函数扩展的前提是必须完全掌握原有逻辑,避免出现"改一个字符引起全局崩盘"的悲剧。如果扩展涉及参数个数、顺序、类型的改动,则需要修改项目代码中每一处对此函数的调用。
- 违背工具函数单一性原则。设计工具函数的主要原则之一是尽可能保证功能的单一性。

第二种方案难以实施的原因在于:

- 必须检查命名冲突,而且检查行为不能在运行时进行。JavaScript 没有类似 Java 中的 Reflection(反射)机制,对于命名冲突的检查往往是通过人工途径进行的,这在庞大的项目中是难以想象的。
- 随着需求的不断增多,工具函数库充斥着大量命名诡异的函数,维护难度高。

命名冲突问题不是催生模块化的唯一因素,但却是模块化首要解决的问题之一。ES6 之前,业界通用的方案是在逻辑层面实现命名空间或者沙箱空间以弥补语言层面的缺陷。ES6 新增的静态模块体系正式加入了沙箱特性，变量、函数的作用范围均仅限于当前沙箱，除非开发者刻意将某个函数或者变量暴露给全局。

2. 便于依赖管理

浏览器按照由上到下的顺序解析 HTML 文档，如果存在两个相邻的`<script>`标签，则必须等待前一个`<script>`的内容加载并执行完毕之后才可以解析下一个`<script>`。这种机制导致对于存在依赖关系的 JS 模块，被依赖方必须在依赖需求方之前被加载。在前端模块化诞生之前，处理这种依赖加载的普遍方案是通过控制`<script>`标签的顺序来实现的，最典型的一个案例是 jQuery 插件的使用。请看以下代码：

```
<script src='jquery.js'></script>
<script src='jquery.plugin.js'></script>
```

jQuery 插件模块必须在 jQuery 已经被加载完成之后再引入，否则会抛出运行错误。

对于极度复杂的项目，模块文件的引入可能是这样的：

```
<script src='a.js'></script>
<script src='b.js'></script>
<script src='c.js'></script>
<script src='d.js'></script>
<script src='a1.js'></script>
<script src='b1.js'></script>
<script src='a2.js'></script>
<script src='b3.js'></script>
<!-- ... -->
```

这种方案的缺点是：

- 随着项目复杂度的提高，维护难度呈几何倍数增长。
- 从代码中完全无法判断各模块的具体依赖关系。

依赖管理是模块化规范的核心特性之一，开发者遵循既定的规范进行各模块之间的源代码编写，构建工具按照模块化规范对代码进行解析，生成 AST（Abstract Syntax Tree，抽象语法树）获取各模块之间详细的依赖关系。HTML 文档只需要引入一个入口文件即可。比如使用 require.js 的引入方式如下：

```
<script data-main="app.js" src="require.js"></script>
```

模块化规范解决了模块之间错综复杂的依赖管理问题，不仅降低了开发难度和维护难度，同时也搭配了专业的构建工具梳理依赖关系，让开发者将更多的精力集中在业务逻辑本身。

3. 利于性能优化

由于运行环境的特殊性，前端模块化异于 Java 等后端语言模块化的地方在于必须具备动态性。当然，我们在此讨论的是应用于浏览器环境的模块化规范，Node.js 模块化并不需要动态特性。

按需加载是进行 Web 性能优化的铁律之一。虽然不使用模块化规范开发也可以实现按需加载，但是配合模块化规范的依赖管理功能可以让按需加载的模块更加易于管理，这是其一；其二，使用模块化构建工具将同步的散列模块进行合并打包，减少了客户端 HTTP 请求数量，不仅提高了 Web 应用的解析速度，而且减小了服务器的并发压力；其三，细粒度的模块划分搭配动态加载令 Web 应用程序的解析更顺畅。

4. 提高可维护性

命名冲突和依赖管理问题的最大症结是对开发效率和维护效率的影响，模块化解决了这两个经典问题，并且必然会带来开发和维护效率的提升。模块化的命名空间和沙箱机制，以及细粒度的模块划分，让单个模块更加易于维护和迭代，从而提升了整体项目的维护效率。

5. 利于代码复用

代码复用的意义在于"一次编写，多次使用"。虽然并非所有模块均可作为"轮子"使用，但是功能与业务弱耦合的模块可以在一定应用场景下得以复用。代码复用的关键在于模块本身粒度以及逻辑的设计，这在很大程度上依赖于开发者的抽象能力。模块化规范对于代码复用的贡献在于提供了一系列机制和策略，便于可复用模块的实现。

3.5.4 前端模块化发展史

在 ES6 Module 规范推出之前，业界不断探索着以逻辑复杂度弥补 JavaScript 语言缺陷的模块化方案。其中以 CommonJS、AMD 以及国内的 CMD 规范最为前端工程师所知。这三者与 ECMAScript 规范并无关联。CommonJS 是面向浏览器以外的 JavaScript 模块化规范，最典型的应用是 Node.js 开发。AMD/CMD 规范是 CommonJS 的变种，主要针对浏览器环境的模块化开发，并且配合插件可以处理 JavaScript 以外的前端资源。

1. CommonJS——面向浏览器之外的模块化规范

CommonJS 最初的名字为 ServeJS，从命名上能够看出它的定位并非是浏览器环境，而是针对服务器端或桌面应用开发等非浏览器环境下的 JavaScript 开发。2009 年 8 月其才被改名为 CommonJS，随后被 Node.js 采纳为默认的模块化规范，并且随着 Node.js 的流行被广大 Web 开发者所熟知。

CommonJS 是一种只适用于 JavaScript 的静态模块化规范，适合 Node.js 开发，但是并不适合浏览器环境，因为：

1）浏览器环境的前端资源不仅仅是 JavaScript，还包括 CSS、图片等，CommonJS 无法处理 JavaScript 以外的资源。

2）CommonJS 所有模块均是同步阻塞式加载，无法实现按需异步加载。

为了解决以上缺陷,开发者以 CommonJS 为蓝本,推出了适用于浏览器的 AMD/CMD 规范。

2. AMD/CMD——着力于浏览器的模块化规范

AMD 与 CMD 规范并非完全一致,但核心功能是统一的。在 CommonJS 基础上,AMD/ CMD 规范扩展了以下功能。

- 可以处理 JavaScript 以外的资源。
- 源码无须编译便可在浏览器环境下运行。
- 按需异步加载、并行加载。
- 插件系统。

AMD/CMD 规范重点解决了浏览器对前端模块化的需求,两者在前几年前端生态圈中普及程度非常高。然而不论是面向服务器端的 CommonJS,还是针对浏览器的 AMD/CMD,都是在语言规范缺失时代背景下的折中产物。三者共同的缺点如下。

1)应用场景单一,模块无法跨环境运行。

2)构建工具不统一,开发者除了需要学习规范本身,还需要学习对应的构建工具。比如针对 CommonJS 的 Browserify、针对 AMD 的 r.js、针对 CMD 的 SPM。

3)不同规范的模块无法混合使用,模块可复用性不高。

4)未来不可期。

3. ES6 Module——规范的静态模块体系

ES6 Module 规范推出以后,CommonJS、AMD、CMD 规范逐渐退出了历史舞台,尤其是不具备动态特性的 CommonJS 规范。ES6 Module 是一种静态模块体系,在最新版本的 Node.js 中可以完全取代 CommonJS。目前处于 stage 3 阶段的 `import()`

函数[1]可以满足按需加载需求，Babel 和 webpack 已经实现了对此函数的支持。虽然是否能够加入正式规范仍然有一定的不确定性，但是相对于其他必将被淘汰的方案，`import()`函数的未来可期性还是比较乐观的。

ES6 Module 是语言层面的规范，与应用场景无关，所以一个不涉及运行环境 API 调用的模块可以在任何场景下运行。然而受限于浏览器的实现程度，目前针对浏览器的模块仍然需要使用构建工具进行编译。

3.5.5　webpack 模块化构建

webpack 支持 CommonJS、AMD 和 ES6 Module 模块化规范，你可以任选三者中的一种进行源代码的开发。在选择之前，除要理解 3 种规范本身的差异性之外，还需要了解 webpack 针对三者异步模块构建过程中存在的细微差别。

1. 规范差异性

- CommonJS 起初主要用于 Node.js 开发，规范本身不具备异步加载的功能，需要借助 webpack 提供的 API 实现。
- AMD 是面向浏览器环境的模块化规范，功能表现上符合浏览器对模块化的一切需求，也具备异步加载的功能。但是在 webpack 构建 AMD 规范的异步模块时不能定义输出的文件名称，这导致 AMD 异步文件的名称欠缺语义。
- ES6 Module 规范目前正式发布的版本与 CommonJS 类似，是一种静态模块规范，不支持异步加载。目前处于 stage 3 的 `import()`函数已经被 webpack 支持。

2. 异步模块构建差异性

3 种规范的差异性除在编写代码时存在差异以外，在使用 webpack 对异步模块进行构建时也存在命名上的差异。

---

[1] https://tc39.github.io/proposal-dynamic-import/。

首先，配置 webpack 的 output 选项如下：

```
output: {
  path: './output',
  filename: '[name].[chunkhash:8].js',
  chunkFilename: '[name].[chunkhash:8].js'
}
```

filename 指的是由 entry 指定的入口文件及其同步模块合并后输出的文件名称规则，chunkFilename 是异步文件的名称规则。比如项目的模块结构如下。

- main.app.js——入口主文件。
- module.a.js——同步模块。
- module.b.js——异步模块。

AMD 本身具备异步加载的功能，比如我们使用 require.js 在 main.app.js 中编写以下代码实现异步加载：

```
require(['./module.a.js'],a => {
   a();
   window.onload = () => {
      require(['./module.b.js'],b => {
         b();
      });
   };
});
```

经 webpack 构建之后产出以下文件：

```
        Asset            Size       Chunks             Chunk Names
0.36a782d9.js            541 kB     0  [emitted]
main.app.36a23b99.js     6.35 kB    1  [emitted]    main.app
```

构建输出的异步文件名为 0.36a782d9.js，而且其"Chunk Names"为空值。实际上，文件名中的 0 是此模块的 id，由于 AMD 实现异步加载的 require 方法不支持定义模块的 Chunk Name，所以 webpack 将其 id 作为命名的一部分。而这种命名方式是没有语义的，对于线上错误跟踪来说是一件麻烦事。这并不是 AMD 规范本身的缺陷，而是由于 AMD 起步的年代 webpack 还未诞生，webpack 对于 AMD 这种已经落后于时代的规范支持性不佳，因此在构建过程中存在诸如此类的问题是在所难免的。

CommonJS 和 ES6 Module 规范并没有异步加载的功能，webpack v1 版本通过 `require.ensure` API 以弥补此缺陷。webpack v2 官方推荐使用处于 stage 3 状态的 `import()` 函数实现异步加载。两者在异步文件命名上仍然存在差异。

`require.ensure` API 提供定义异步文件 `Chunk Name` 的参数，我们将上文中的 AMD 代码改为以下格式：

```
const a = require('./module.a.js');
a();
window.onload = require.ensure([], require => {
  const b = require('./module.b.js');
  b();
}, 'async');
```

经 webpack 构建之后产出以下文件：

```
          Asset          Size    Chunks           Chunk Names
async.36a782d9.js       541 kB   0  [emitted]     async
main.app.36a23b99.js    6.35 kB  1  [emitted]     main.app
```

构建输出的异步文件名称由 `require.ensure` 的第 3 个参数指定。

`import()` 函数的用法与 AMD 的 `require` API 类似，它本身并不支持定义异步文件的 `Chunk Name`。webpack 提供了特殊的注释以弥补此缺陷。请看以下代码：

```
import a from './module.a.js';
a();
window.onload = import(
  /* webpackChunkName: "aysnc" */
  './module.b.js'
).then(b => {
  b();
});
```

import() 函数加载异步文件后返回一个 Promise，这更利于 JavaScript 异步代码的编写。上述代码中的注释 /* webpackChunkName: "aysnc" */ 声明了被加载异步文件构建输出的名称。经 webpack 构建之后产出以下文件：

```
         Asset        Size     Chunks          Chunk Names
async.36a782d9.js     541 kB   0  [emitted]    async
main.app.36a23b99.js  6.35 kB  1  [emitted]    main.app
```

综上所述，AMD 虽然具备异步加载功能，但是 webpack 对其的支持度并不理想。CommonJS 和 ES6 Module 虽然自身不支持异步加载，但是 webpack 提供了 require.ensure API 并且支持 import() 函数，这在一定程度上弥补了两者对异步加载的乏力。从可移植性角度考虑，虽然 require.ensure 定义 Chunk Name 的方式更友好，但它是 webpack 特有的 API，如果代码移植到其他构建系统，此 API 将会引起未知的错误。import() 函数处于 stage 3 状态，非常有可能被加入未来的正式规范中，不论是从可移植性还是未来可期角度考虑，其均优于 require.ensure。import() 函数唯一的缺点就是需要借助特殊注释定义异步文件的名称。

3.6　增量更新与缓存

合理利用缓存是 Web 性能优化的必要手段，前端工程师所接触的主要是针对客户端浏览器的缓存策略，客户端的缓存可以分为以下两种。

1）利用本地存储，比如 LocalStorage、SessionStorage 等。

2）利用 HTTP 缓存策略，其中又分为强制缓存与协商缓存。

其中对于本地存储的利用属于代码架构层面的优化措施，不属于前端工程体系的服务范畴。HTTP 缓存需要服务器配合，比如 Apache、Ngnix 等服务器软件可以为资源设置不同的 HTTP 缓存策略。增量更新是目前大部分团队采用的缓存更新方案，结合 HTTP 强制缓存策略，既能够保证用户在第一时间获取最新资源，又可以减少网络资源消耗，提高 Web 应用程序的执行速度。前端工程体系在此中的作用如下。

1）构建产出文件 hash 指纹，这是实现增量更新的必要条件。

2）构建更新 html 文件对其他静态资源的引用 URL。

在详细讲解这两个功能之前，我们首先从根源上了解为何要采取增量更新的缓存策略。

3.6.1　HTTP 缓存策略

浏览器对静态资源的缓存本质上是 HTTP 协议的缓存策略，其中又可以分为强制缓存和协商缓存。两种缓存策略都会将资源缓存到本地，强制缓存策略根据过期时间决定使用本地缓存还是请求新资源；而协商缓存每次都会发出请求，经过服务器进行对比后决定采用本地缓存还是新资源。具体采用哪种缓存策略，由 HTTP 协议的首部（Headers）信息决定。

1. Expires 和 max-age

Expires 和 max-age 是强制缓存策略的关键信息，两者均是响应首部信息的。Expires 是 HTTP 1.0 加入的特性，通过指定一个明确的时间点作为缓存资源的过期时间，在此时间点之前客户端将使用本地缓存的文件应答请求，而不会向服务器发出实体请求（在浏览器调试面板中可以看到此请求并且状态码为 200）。Expires 的优点是可以在缓存过期时间内减少客户端的 HTTP 请求，不仅节省了客户端处理时间和提高了 Web 应用的执行速度，而且也减少了服务器负载以及客户端网络资源的消耗。一个典型的 Expires 首部信息如下：

```
Expires:Wed, 23 Aug 2017 14:00:00 GMT
```

上述信息指定对应资源的缓存过期时间为 2017 年 8 月 23 日 14 点。

Expires 有一个致命的缺陷是：它所指定的时间点是以服务器为准的时间，但是客户端进行过期判断时是将本地的时间与此时间点对比。也就是说，如果客户端的时间与服务器存在误差，比如服务器的时间是 2017 年 8 月 23 日 13 点，而客户端的时间是 2017 年 8 月 23 日 15 点，那么通过上述 Expires 控制的缓存资源将会失效，客户端将会发送实体请求获取对应资源。这显然是不合理的。

针对这个问题，HTTP 1.1 新增了 Cache-control 首部信息以便更精准地控制缓存。常用的 Cache-control 信息有以下几种。

- no-cache 和 no-store："no-cache"并非禁止缓存，而是需要先与服务器确认返回的响应是否发生了变化，如果资源未发生变化，则可使用缓存副本从而避免下载。"no-store"是真正意义上的禁止缓存，禁止浏览器以及所有中间缓存存储任何版本的返回响应。每次用户都会向服务器发送请求，并下载完整的响应。
- public 和 private："public"表示此响应可以被浏览器以及中间缓存器无限期缓存，此信息并不常用，常规方案是使用 max-age 指定精确的缓存时间。"private"表示此响应可以被用户浏览器缓存，但是不允许任何中间缓存器对其进行缓存。例如，用户的浏览器可以缓存包含用户私人信息的 HTML 网页，但 CDN 却不能缓存。
- max-age：指定从请求的时刻开始计算，此响应的缓存副本有效的最长时间（单位：秒）。例如，"max-age=3600"表示浏览器在接下来的 1 小时内使用此响应的本地缓存，不会发送实体请求到服务器。

max-age 指定的是缓存的时间跨度，而非缓存失效的时间点，不会受到客户端与服务器时间误差的影响。所以，与 Expires 相比，max-age 可以更精确地控制缓存，并且比 Expires 有更高的优先级。强制缓存策略下（Cache-control 未指定 no-cache 和 no-store）的缓存判断流程如图 3-6 所示。

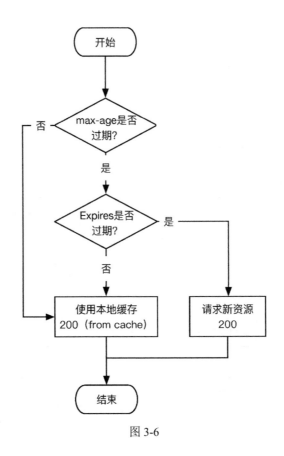

图 3-6

2. Etag 和 If-none-match

Etag 是服务器为资源分配的字符串形式唯一性标识,作为响应首部信息返回给浏览器。浏览器在 Cache-control 指定 no-cache 或者 max-age 和 Expires 均过期之后,将 Etag 值通过 If-none-match 作为请求首部信息发送给服务器。服务器接收到请求之后,对比所请求资源的 Etag 值是否改变,如果未改变将返回 304 Not Modified,并且根据既定的缓存策略分配新的 Cache-control 信息;如果资源发生了改变,则会返回最新的资源以及重新分配的 Etag 值。整体流程如图 3-7 所示。

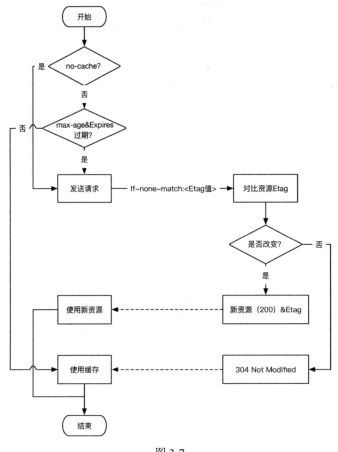

图 3-7

如果强制浏览器使用协商缓存策略，需要将 Cache-control 首部信息设置为 no-cache，这样便不会判断 max-age 和 Expires 过期时间，从而每次资源请求都会经过服务器对比。

协商缓存并非是一种比强制缓存"低级"的策略，对于一些特殊的应用场景或资源，协商缓存是优于强制缓存的。比如第 1 章我们讨论的非服务器端渲染项目中的 HTML 文档，由于它是所有其他静态资源的引用者，所以必须保证每次请求到的资源都是最新的。同时，为了便于服务器解析和保证网站地址的唯一性，html 文件不能应用 hash 指纹。在这种场景下只能使用协商缓存。具体细节本书将在第 5 章讲述。

3.6.2 覆盖更新与增量更新

覆盖更新与增量更新都是建立在启用浏览器强制缓存策略的前提下的。增量更新是目前被业界广泛使用的前端静态资源更新策略，普遍的实现方案是通过为文件名添加 hash 指纹。覆盖更新的缺陷较多且没有较好的解决方案，目前已逐渐被淘汰。接下来我们通过一个具体的应用场景来说明两者的区别以及增量更新方案的优势。

假设项目中存在一个 css 文件和一个 js 文件，由 index.html 引入：

```
<head>
  <link rel="stylesheet" href="main.home.css">
</head>
<body>
  <script type="text/javascript" src="main.home.js">
</body>
```

为了提高页面的加载性能，我们启用强制缓存策略，`main.a.css` 和 `main.a.js` 均被缓存到本地并且设置了 max-age 为 30 天。如果在缓存有效期内项目需要进行迭代，为了保证让用户第一时间获取到最新资源，就必须让浏览器放弃使用之前的缓存文件，发送实体请求下载最新的资源。

覆盖更新策略的实现方案是在引用资源的 URL 后添加请求参数，比如添加时间戳参数：

```
<head>
  <link rel="stylesheet" href="main.home.css?v=1.0.0">
</head>
<body>
  <script type="text/javascript" src="main.home.js?v=1.0.0">
</body>
```

浏览器会将参数不同的 URL 视为全新的 URL[1]，所以上述改动可以保证浏览器向服务器请求并下载最新的资源。但是问题来了，为了更好地利用缓存，我们应该只更新有改动的资源，未改动的资源继续使用缓存。假设我们只改动了 main.home.js，main.home.css 没有任何改动，则应该只更新 main.home.js 的 URL，如下：

```
<head>
  <link rel="stylesheet" href="main.home.css?v=1.0.0">
</head>
<body>
  <script type="text/javascript" src="main.home.js?v=1.0.1">
</body>
```

有针对性的参数修改工作对于开发人员来说并不困难，因为参与开发的人员知道哪些文件有改动和哪些文件未改动。但是这种人为操作是非常烦琐的体力活，并且不能避免人为失误。所以更好的方式是使用工具取代人工。但是工具没有记忆，如果想让工具识别改动文件并且有针对性地修改参数，要么通过人告诉工具改动的文件列表，要么让工具自动获取文件改动之前的内容后逐一对比。不论哪种方案都非常耗时、耗力。

要解决这个问题，我们首先思考一下静态资源 URL 后的 v 参数的意义。它唯一的作用就是让浏览器更新资源，如果这个参数的值能够跟文件内容一一对应，是不是就可以实现针对性修改？这就是 hash 指纹：通过既定的数据摘要算法（目前使用较广泛的是 md5）计算出文件的 hash 值。将 hash 指纹作为 url 参数的用法如下：

```
<head>
  <link rel="stylesheet" href="main.home.css?v=858d5483">
</head>
<body>
```

---

[1] 域名（IP）、路径、后缀、参数的不同的 URL 会被浏览器视为全新的 URL，并且会发出实体请求。如果这些信息完全一致，hash 的改变并不会触发浏览器发出请求，比如 http://static.app.com/js/a.js#home 和 http://static.app.com/js/a.js#auth 两个 URL 对于浏览器来说是等同的。所以覆盖更新策略是通过修改参数而不是 hash。这也是单页应用使用 hash 作为路由的原因。

```
    <script type="text/javascript" src="main.home.js?v=bbcdaf73">
</body>
```

然而将 hash 指纹作为 url 参数值实现覆盖更新的方案有如下两个致命缺陷。

第一，必须保证 html 文件与改动的静态文件同步更新，否则会出现资源不同步的情况。如果是无服务器端渲染的项目，html 文件会被视为静态资源，并且与其他静态资源（JS/CSS/图片等）部署到同一台服务器，在这种场景下我们可以保证所有资源更新的同步，不会受到覆盖更新缺陷的影响。但这种部署方式并不适用所有项目，对于依赖服务器端渲染的项目，目前大多数团队的部署方式是将网站的入口 HTML 和静态资源分开部署。比如，将 HTML 与服务器代码一同部署到域名为 www.app.com 对应的服务器内，把 JS/CSS/图片等静态资源部署到 static.app.com 对应的服务器上。两种资源分开部署必然有先后顺序，这也就意味着两种资源的上线存在一定的时间差。不论是先部署哪种资源都无法保证这个时间差内所有用户访问页面的正确性，即使这个时间差很小，对于淘宝这种访问量庞大的网站来说也会影响相当可观的用户群。这就是为何很多团队总是选择在半夜或凌晨这种网站访问量较小的时间段发布新版本的原因之一。

第二，不利于版本回滚。由于覆盖更新每次迭代之后的资源都会覆盖服务器上原有的旧版本文件，这对于版本回滚操作很不友好。运维人员要么借助于服务器本身的缓存机制，要么拿到旧版本文件再次覆盖部署。

增量更新策略完美地解决了上述缺陷，实现的方案很简单，将原本作为参数值的 hash 指纹作为资源文件名的一部分并且删除用于更新的 url 参数。比如上文提到的代码改为增量更新策略之后的形式如下：

```
<head>
  <link rel="stylesheet" href="main.home.858d5483.css">
</head>
<body>
  <script type="text/javascript" src="main.home.bbcdaf73.js">
</body>
```

在静态资源使用增量更新策略的前提下,可以将静态资源先于动态 HTML 部署,此时静态资源没有引用入口,不会对线上环境产生影响;动态 HTML 部署后即可在第一时间访问已存的最新静态资源。这样便解决了覆盖更新部署同步性的问题。另外,增量更新修改了资源文件名,不会覆盖已存的旧版本文件,运维人员进行回滚操作时只需回滚 HTML 即可。这样不仅优化了版本控制,而且还可以支持多版本共存的需求。

3.6.3 按需加载与多模块架构场景下的增量更新

多模块架构指的是存在多个互不干扰的模块体系,这些模块体系可能存在于同一页面中,也可能存在于两个独立页面。对于按需加载需求和在多模块架构场景下实现增量更新,需要考虑以下几个问题。

1)同步模块的修改对异步文件和主文件 hash 指纹产生的影响。

2)异步模块的修改对主文件 hash 指纹产生的影响。

1. 同步模块的修改对异步文件和主文件 hash 指纹产生的影响

假设一个单页面项目的模块结构如图 3-8 所示。

- 主模块 `main.app.js`。
- 同步模块 `module.sync.js`,构建后与主模块合并为主文件 `main.app.[hash].js`,同步加载。
- 异步模块 `module.async.js`,单独构建为异步文件 `app.async.[hash].js`,按需加载。

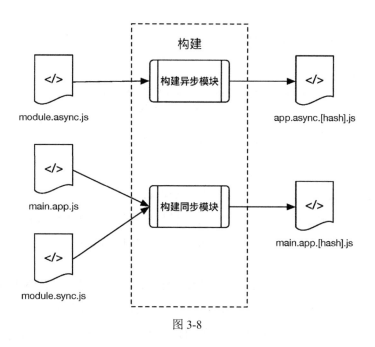

图 3-8

构建输出的文件[hash]值是经过 md5 计算所得的，参与计算的模块内容改动后必然影响计算后的结果。同步模块 module.sync.js 的内容作为计算因子参与主文件的 hash 指纹计算，并未参与异步文件 hash 指纹的计算。所以可以确定的是，同步模块的修改影响主模块的 hash 指纹，对异步文件无影响。

2. 异步模块的修改对主模块的 hash 指纹产生的影响

异步模块的内容只影响异步文件的 hash 指纹，是这样吗？在回答这个问题之前，我们先弄清楚异步文件是如何加载的。下述代码是一种比较普遍的加载异步文件的逻辑：

```
window.onload = function(){
  var script = document.createElement('script');
  sciprt.src = 'https://static.app.com/async.js'; //异步文件 URL
  document.head.append(script);
};
```

异步文件的 URL 被固定写死在负责加载它的主文件中，如果应用了 hash 指纹，上述代码经过构建之后的内容如下：

```
window.onload = function(){
  var script = document.createElement('script');
  sciprt.src = 'https://static.app.com/async.2483fae1.js'; //异步文件URL
  document.head.append(script);
};
```

假设此时主文件为 `main.home.bbcdaf73.js`，当前版本的所有资源被缓存在用户本地。经过新版迭代之后只改动了异步模块的内容，经过构建后异步文件的 hash 指纹更新为 `async.6203b33c.js`，那么主文件的 hash 指纹是否变化呢？

我们首先假设主文件的 hash 指纹没有变化，新版发布之后，HTML 文档中对于主文件的引用 URL 没有改动，浏览器仍旧使用缓存副本 `main.home.bbcdaf73.js`。主文件中异步文件的 URL 仍旧是"https://static.app.com/async.2483fae1.js"，也就是说，即使我们更新了异步文件的 hash 指纹，也并没有令浏览器请求到最新的资源，这显然是不合理的。所以，异步模块的修改不仅仅影响其对应异步文件的 hash 指纹，主文件的 hash 指纹也必须同步修改，这样才能保证用户得到最新的异步文件。

3.6.4　webpack 实现增量更新构建方案

webpack 本身具备计算 hash 的功能，但是如果要搭建一套完整的增量更新构建方案还需要在其配置上花费一些功夫。

1. hash 与 chunkhash

webpack 内置于 hash 相关的配置项有两个：hash 和 chunkhash。webpack v1 版本和 v2 版本对两者的定义略有差异，如表 3-1 所示。

表 3-1

	webpack v1	webpack v2
hash	The hash of the compilation	The hash of the module identifier
chunkhash	The hash of the chunk	The hash of the chunk content

然而该怎么理解 hash 呢？对于 hash 的定义 webpack v1 更精确：The hash of the compilation。webpack 的 compilation 对象代表某个版本的资源对应的编译进程。当使用 webpack 的 development 中间件时，每次检测到项目文件有改动就会创建一个 compilation，进而能够针对改动生产全新的编译文件。compilation 对象不是针对单个文件的，而是针对项目中所有参与构建的文件的。换句话说，只要任何一个文件内容有改动，compilation 对象便会改变，作为 compilation 的 hash 值也就相应地发生改变。所以，如果使用此 hash 作为构建输出文件的 hash 指纹，任何一个文件的改动都会影响所有资源的缓存。比如配置 webpack 如下：

```
output: {
    filename: '[name].[hash:8].js'
}
```

那么构建输出的不论是同步文件还是异步文件均拥有相同的 hash 指纹：

```
             Asset      Size     Chunks             Chunk Names
app.async.bb1e6973.js   259 bytes   0  [emitted]    async
main.app.bb1e6973.js    2.38 kB     1  [emitted]    main.app
```

这显然不是合理的方案，hash 并不适用于增量更新的构建场景，我们再看看 chunkhash 的作用。Chunk 在 webpack 中的含义可以简单地理解为散列模块经合并后的"块"，比如上文提到的同步模块 module.sync.js 与主模块 main.app.js 合并为一个"块"，异步模块 module.async.js 是另一个"块"。chunkhash 就是一个个"块"依据自身的代码内容计算所得的 hash 值。将 webpack 的配置修改如下：

```
output: {
    filename: '[name].[chunkhash:8].js'
}
```

再次编译之后输出的文件列表如下：

```
            Asset       Size              Chunks          Chunk Names
app.async.67fa68a0.js   259 bytes         0  [emitted]    async
 main.app.8d136fcd.js   2.38 kB           1  [emitted]    main.app
```

主文件与异步文件的 hash 指纹不同,然后我们依据上文总结出的规则进行一一验证,如表 3-2 所示。

表 3-2

	主 文 件	异 步 文 件
原始状态	main.app.8d136fcd.js	app.async.67fa68a0.js
修改主模块 main.app.js	main.app.b5f400b9.js:hash 改变	app.async.67fa68a0.js:hash 不变
修改同步模块 module.sync.js	main.app.9475c780.js:hash 改变	app.async.67fa68a0.js:hash 不变
修改异步模块 module.async.js	main.app.b153bc38.js:hash 改变	app.async.5fe33dbc.js:hash 改变

可见使用 chunkhash 作为文件名 hash 指纹的构建结果遵循合理的输出原则[1]。

2. contenthash

js 文件在 webpack 中是"一等公民",其他类型的资源必须借助于 js 文件参与构建,比如 css 源文件必须在 JS 中引入。假设 `main.app.js` 中引入由 SCSS 编写的 css 源文件:

```
import 'main.app.css';
import ModuleSync from 'module.sync.js';
```

webpack 默认将构建后的 CSS 代码合并到引用它的 js 文件中,此 js 文件运行时在 HTML 文档中动态添加`<style>`标签,如图 3-9 所示。

---

[1] webpack v1 按照上述配置并不能满足合理的输出原则,这是由于 webpack v1 版本针对 chunkhash 的计算规则存在缺陷导致的。webpack v2 版本修复了此缺陷,在很大程度上简化了配置的复杂度。如果你的团队坚持使用 webpack v1(兼容 IE8),可以从这篇文章 http://www.cnblogs.com/ihardcoder/p/ 5993410.html 中了解针对 v1 版本的增量更新构建方案。

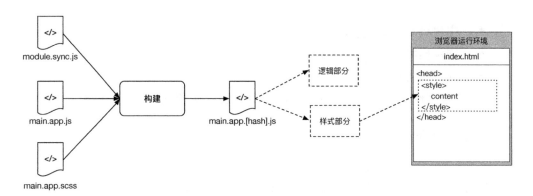

图 3-9

然而实际项目中往往是把 css 文件抽离出来独立维护，这样既有利于浏览器的渲染优化，又能够更好地利用客户端缓存。所以如果我们只修改了 CSS，那么构建之后对应的 css 文件 hash 指纹改变，其他所有文件的 hash 指纹不变，反之亦然。本章 3.3 节介绍了将 css 文件单独导出的 webpack 配置方案，其中用到了一个配置项 contenthash，如下：

```
{
  test: /\.css$/,
  use: ExtractTextPlugin.extract({
    filename: './dest/[name].[contenthash:8].css'
    use: [{
      loader: 'css-loader',
      options: {
        importLoaders: 2 // css-loader options
      }
    }],
    publicPath: '/'
  })
}
```

contenthash 就是解耦 js 与 css 文件 hash 指纹的关键。

在具体讲解 contenthash 的作用之前，我们先看看使用 chunkhash 代替它进行构建之后的结果，也就是说将上述代码中的 filename 修改为 './dest/[name].[chunkhash:8].css'。假设项目中存在以下资源。

- 主模块 `main.app.js`。
- 同步模块 `module.sync.js`。
- 异步模块 `module.async.js`。
- css 文件 `main.app.css`，由 `main.app.js` 引入。

构建之后的输出结果如下：

```
             Asset       Size        Chunks             Chunk Names
app.async.67fa68a0.js    259 bytes    0  [emitted]     async
 main.app.8d136fcd.js    2.39 kB      1  [emitted]     main.app
main.app.8d136fcd.css    998 bytes    1  [emitted]     main.app
```

js 主文件与 css 文件的 hash 指纹完全一致，并且两者的"Chunk Name"都是 `main.app`。也就是说，两者同属于一个 Chunk，那么其 hash 指纹 `chunkhash` 自然是相同的。此时如果我们修改了 `main.app.js` 或 `module.sync.js`，再次构建后主文件和 css 文件的 hash 指纹都会改变。但是如果我们只修改了 `main.app.css`，经构建之后发现主文件与 css 文件的 hash 指纹均没有改变，这是为何？

CSS 资源在 webpack 中是一种比较特殊的存在，上述代码中的 `main.app.css` 由 `main.app.js` 同步引入，如果不使用 ExtractTextPlugin 将其独立导出，那么它就等同于 `main.app.js` 的一个同步模块，它的修改会直接影响主文件的 hash 指纹。但是如果导出为独立的 css 文件，那么 `main.app.css` 的修改便不会对主文件的 hash 指纹产生任何影响。`main.app.css`、`module.sync.js` 以及 `main.app.js` 同属于一个 Chunk，被导出的 CSS 虽然不会参与此 Chunk 的 `chunkhash` 计算，但也不会作为一个独立的 Chunk 进行单独计算。所以如果使用 `chunkhash` 作为被导出 css 文件的 hash 指纹，那么其取值与主文件的相同。

`contenthash` 并不是 webpack 自身的另外一种 hash 值，而是由 ExtractTextPlugin 插件提供，代表被导出内容计算后的 hash 值。我们将 `chunkhash` 改为 `contenthash`，再次编译后的输出结果如下：

```
             Asset       Size        Chunks             Chunk Names
app.async.67fa68a0.js    259 bytes    0  [emitted]     async
```

```
main.app.8d136fcd.js      2.39 kB        1  [emitted]    main.app
main.app.9f5ff36b.css     998 bytes      1  [emitted]    main.app
```

从构建结果可以看出主文件与 css 文件的 hash 指纹完全不同，此时我们依次执行以下行为进行验证，如表 3-3 所示。

表 3-3

	主文件 hash 指纹	异步文件 hash 指纹	CSS 文件 hash 指纹
修改主模块 main.app.js	变	不变	不变
修改同步模块 module.sync.js	变	不变	不变
修改异步模块 module.async.js	变	变	不变
修改 CSSmain.app.css	不变	不变	变

不论是单独修改 CSS 还是其他模块，引起 hash 指纹改变的只有此资源对应的输出文件，这与我们的需求是完全一致的[1]。

3. webpack 能力之外

至此，我们解决了 js 与 css 文件的增量更新构建，解耦了两者的 hash 指纹，能够保证单方面修改某个文件不会影响其他资源的缓存。截止到目前，我们仍然只使用工具（webpack）本身的功能完成了需求。换句话说，我们只是将 webpack 既有的功能进行了合理调度，并未触及 webpack 能力范围之外的事情。然而工具的既有功能毕竟是有限的，webpack 也认识到了这一点，所以提供了丰富的可扩展选项。我们接下来要讨论的话题是前端开发乃至前后端协作开发中最难处理的一个环节：HTML 文档引用静态资源的定位问题。要解决这个问题需要对 webpack 进行一些扩展。

---

[1] webpack v1 版本要实现同样的 css 与 js 文件的 hash 指纹解耦方案则要复杂很多，得益于 webpack v2 优化了 hash 相关的计算逻辑，我们可以直接使用非常简单的配置便可实现需求。如果你的团队还在坚持使用 webpack v1，可以从这篇文章 http://www.cnblogs.com/ihardcoder/p/5623411.html 中了解对应的解决方案。

3.7 资源定位

Web 项目中的资源定位指的是存在引用关系的资源之间被引用方地址的改动都会被及时同步到引用方。具体到构建系统还有另外一层含义：以引用方为入口寻找被引用方并且进行构建。在深入讨论构建系统如何解决资源定位之前，我们不妨先了解一下资源定位解决方案的历史变迁过程。

3.7.1 资源定位的历史变迁

资源定位是随着前端的发展同步演进的，从前端工程师的诞生、前后端职责分化，一直到前后端分离，Web 项目面对的资源定位问题的具体形态不断变化着，对应的解决方案也不断进化着。

1. 原始形态——一切都很简单

原始形态的时代背景是互联网技术不发达、个人计算机尚未普及的年代，Web 站点以静态展示为主，内容主要是文字和图片，没有复杂的交互逻辑。当时的开发分工要么是"前端写 demo，后端套模板"，要么就是干脆后端开发人员同时包揽了前端的工作。因为网站的用户量不像今天这么庞大，同时浏览器的并发请求能力不足，所以当时 Web 项目普遍的部署方式是将 JS、CSS、图片等静态资源与服务器端代码部署在相同的路径。比如一个典型的 PHP 项目的资源分配如下：

```
.
├── controller
├── model
├── view
│   └── index.tpl
└── static
    ├── js
    │   └── index.js
    ├── css
    │   └── index.css
    └── imgs
```

这种模式下的资源定位非常简单，由于静态资源与动态资源部署在同一路径，所以不论是开发还是生产环境，资源互相之间的引用使用相对路径即可。比如 index.tpl 文件中引用 js 和 css 文件如下：

```
<link rel="stylesheet" href="../static/css/index.css">
<script type="text/javascript" src="../static/js/index.js">
```

在资源定位问题上，这种模式下的开发者可以说是最舒服的，无须考虑动静态资源部署以及开发和生产环境的差异性引起的额外工作。但是历史是不断进步的，个人计算机的普及以及互联网技术的发展，随之而来的是用户量的大规模上涨，原有的动静态资源一同部署的模式无法适应密集的请求和并发量，也无法适应对用户体验要求高的 Web 产品。

2. 内容分发网络——推动进化的车轮

CDN（Content Delivery Network，内容分发网络）是一种部署策略，包括分布式存储、负载均衡、内容管理等模块。CDN 的实现细节并不属于前端的范畴，但是如果 Web 站点使用了 CDN 部署策略，那么便会影响到资源定位的处理。

CDN 的一个重要功能是将静态资源缓存到用户近距离的 CDN 节点上，不但能提高用户对静态资源的访问速度，还能节省服务器的带宽消耗、降低负载。实现此功能的一个重要前提是将静态资源部署到已接入 CDN 解析服务的专属服务器上，而这类服务器通常与 Web 主页面处于不同的域名下。这样做的主要目的是为了充分利用浏览器的并发请求能力，提高页面的加载速度。同时，独立域名的静态资源请求不会携带主页面的 cookie 等数据，这样进一步加快了网络访问。

对于未实现前后端分离的项目来说，主页面的 HTML 由服务器端渲染，所以 html 模板文件必须与主页面服务器端代码一同部署，这样就造成开发环境与生产环境下的 HTML 文档对 JS、CSS 等静态资源的引用地址不同。仍然以上文的 index.tpl 为例，假设开发完成之后将静态文件部署到域名为 static.app.com 的 CDN 服务器，主页面的域名为 www.app.com，那么在部署服务器端代码之前必须将

index.tpl 中对静态资源的引用改为 CDN 服务器的地址：

```
  <link rel="stylesheet"
href="http://static.app.com/app/css/index.css">
  <script type="text/javascript"
src="//static.app.com/app/js/index.js">
```

对于静态资源数量较少的页面来说，修改地址的行为可以交给开发人员手动执行。但是如果页面中存在数量可观的静态资源引用，或者在同时开发多个页面的场景下，手动修改既费时费力又不能保证正确性。所以服务器端开发人员将这项操作交给了代码，比如对模板引擎进行扩展，可以将相对地址转化为 CDN 服务器的地址：

```
<body>
  {js cdnurl="../static/js/index.js"}
</body>
```

经过解析之后被转化为：

```
<body>
  <script type="text/javascript"
src="http://static.app.com/app/js/index.js">
</body>
```

保证上述解析过程正确执行的重要前提是：必须让解析函数或者工具在解析之前知道静态资源在 CDN 服务器的路径。当然这并不会难倒我们，因为静态资源是由服务器端开发人员负责部署到 CDN 服务器的，将资源固定放在某个路径，然后把解析函数或者工具的此信息设置为固定值就可以了。

但是接下来又出现了难题：静态资源应用增量更新策略，每次迭代之后会被加入 hash 指纹，文件名改变了。现在如果要保证正确的解析，除要提供资源的路径给解析函数或者工具，还必须提供加入 hash 指纹的文件名，如图 3-10 所示。

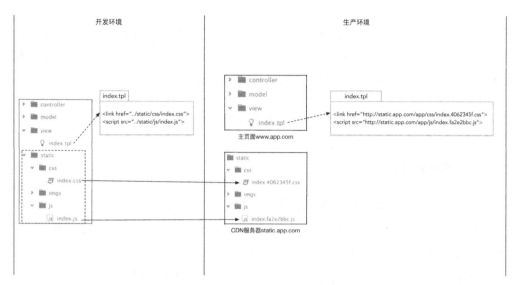

图 3-10

由于文件名每次都会变化,不能设置为固定值,只能每次执行解析时动态配置。当然这也难不倒我们,因为 hash 指纹的构建也是由服务器端开发人员执行的(此时前后端尚未分离)。那么构建完成之后把 hash 值存储下来,然后将其告知解析函数或者工具不就行了吗?

需求又一次得到了解决,但是新的问题出现了:随着前端逻辑的不断复杂化,前后端开发人员的职责进一步分化,静态资源的开发以及构建工作全部交由前端开发人员执行。在这种分工模式下,如果服务器端开发人员仍旧要使用原有的解析功能,则必须向前端开发人员索要每个资源构建后的 hash 指纹。这不仅仅导致了工作流的混乱,同时也新增了额外的消耗——沟通成本。

原有的资源定位解析方案已经严重拖慢了团队的工作效率。历史发展到这个阶段,下一步的变迁要淘汰的不仅仅是资源定位的解决方案,前后端的职责划分也必须进一步明确。

3. 前后端分离——将责任交给前端

前后端分离将 View 层的开发和部署工作全部交给了前端开发人员。不论是完全前端渲染的 SPA，还是支持服务器端渲染的大前端，得益于 Node.js 的支持以及构建工具的发展，资源定位问题的解决均可由前端工程师熟悉的 JavaScript 语言驱动。我们再回顾一下由服务器端负责解决资源定位问题所依赖的条件。

- **硬性条件**：静态资源构建及部署之后的完整地址，包括 CDN 服务器路径和携带 hash 指纹的文件名。
- **附加条件**：沟通成本。

资源定位问题交由前端开发人员负责，首先节省了沟通成本这一附加条件（在真实协作场景下，这恰恰是最高的消耗成本）。其次，由于静态资源的构建和部署工作也是由前端开发人员负责执行的，所以 CDN 服务器和文件 hash 指纹信息是透明的。那么接下来我们要做的事情就是研究如何使用工具完成合理的资源定位。

3.7.2　常规的资源定位思维

什么是合理的资源定位解决方案呢？简单讲就是符合常规思维的方案。

HTML 是 Web 站点的入口，其他所有类型的静态资源均需要直接或者间接地被 HTML 文档引用才可以被加载。HTML 文档显式地引用 JS、CSS 等资源，浏览器正向地加载。所谓正向的意思是，浏览器先访问 HTML 文档，根据其引用静态资源的地址、先后顺序依次进行加载。也就是说，浏览器必须通过 HTML 文档才可以知道 Web 站点需要哪些静态资源。同理，在构建阶段，HTML 文档中引用了哪些文件以及这些文件具体的引用位置是作为资源定位和地址替换的唯一依据。

这似乎是一个非常浅显且没必要讨论的问题，但是如果使用 webpack 作为构建工具，那么你必须适应 webpack 与常规思维相反的"逆向"注入模式。

3.7.3　webpack 的逆向注入模式

webpack 将 JS 视为一切资源的入口（包括 HTML），不论是直接还是间接，只要与 entry 配置的 js 文件存在引用关系的资源都会参与构建。

- 直接引用，比如 JS 引用 CSS。
- 间接引用，比如被 JS 引用的 CSS 又引用了图片。

HTML 在 webpack 中与 CSS 一样属于"次等公民"，可以使用 html-webpack-plugin 编译 HTML 并且将其导出为独立的文件。

webpack 解决资源定位并不是按照上文所述的"正向"顺序（先判断 html 文件引用了哪些 JS 和 CSS 资源，然后再进行定位和替换），而是将项目构建输出的 js 和 css 文件"逆向"地注入到 HTML 文档中。

1. html-loader 和 html-webpack-plugin

与 css-loader 类似，html-loader 会解析并编译 HTML 源码，但是并不会将其导出为独立的 html 文件。html-webpack-plugin 中对 HTML 的解析和编译工作仍然是由 html-loader 负责的，并且会沿袭 webpack 中对 html-loader 的配置项。除了支持导出 html 文件以外，html-webpack-plugin 还增加了诸多利于解决资源定位的配置项，如下：

```
new HtmlWebpackPlugin({
  // 构建输出文件
  filename: 'dest/index.html',
  // 源文件
  template: 'src/index.html',
  // 自动注入 chunks
  inject: true,
  // 注入指定的 chunks
  chunks: [],
  // chunks 排序规则
  chunksSortMode: 'auto'
})
```

- `filename` 是导出 html 文件的路径和文件名。
- `template` 是 html 源文件路径。
- `inject` 可以配置是否开启自动注入以及指定注入的位置。`chunks` 和 `chunksSortMode` 分别指定注入的资源和排序规则。这三者是影响资源定位的关键配置项，也是我们下面将要讨论的重点。

前文简单提到了 webpack 解决资源定位的方式是首先构建输出 JS 和 CSS，然后再注入到 HTML 文档中。为了便于理解，我们通过一个简单的示例进行说明。比如存在下述结构的项目文件：

```
├── assets
│   └── logo.png
├── index.html
├── js
│   └── main.app.js
└── style
    └── main.app.css
```

webpack 的配置内容如下：

```
{
  entry: {
    'main.app': './js/main.app.js'
  },
  output: {
    path: './dest',
    filename: '[name].[chunkhash:8].js',
    publicPath: '//static.app.com/app/'
  },
  module: {
    rules: [{
      test: /\.js$/,
      loader: 'babel-loader'
    },{
      test: /\.css$/,
      use: ExtractTextPlugin.extract({
        use: 'css-loader'
      })
    },{
      test: /\.(png|jpe?g|gif)$/,
      loader: 'url-loader',
      options: {
        name: 'assets/[name].[hash:8].[ext]'
      }
    }]
  },
```

```
  plugins: [
    new ExtractTextPlugin({
      filename: 'style/[name].[chunkhash:8].css',
    }),
    new HtmlWebpackPlugin({
      filename: 'index.html',
      template: 'index.html',
      inject: true
    })
  ]
}
```

构建之后输出的结果为：

```
├── assets
│   └── logo.873dcfe4.png
├── index.html
├── js
│   └── main.app.0b15ebfd.js
└── style
    └── main.app.0b15ebfd.css
```

其中构建之后的 index.html 的内容如下：

```
<html>
<head>
  <title>app</title>
  <link href="//static.app.com/app/style/main.app.0b15ebfd.css" rel="stylesheet">
</head>
<body>
  <img src="//staic.app.com/app/assets/logo.873dcfe4.png">
  <script type="text/javascript" src="//static.app.com/app/js/main.app.0b15ebfd.js"></script></body>
</html>
```

作为对比，index.html 的源码如下：

```
<html>
<head>
  <title>app</title>
```

```
</head>
<body>
  <img src="./assets/logo.png">
</body>
</html>
```

通过 index.html 构建前后的内容对比，我们可以获取以下信息。

1）index.html 源码中并没有引用 main.app.css 的 `<link>` 标签和 main.app.js 的`<script>`标签，然而构建之后的文档内容被注入了对应的引用标签并且引用地址为构建之后的资源地址。

2）源码 index.html 中通过`<img>`标签引用的图片参与了构建并且引用地址被修正。这是 html-loader 的功能之一，默认情况下 html-loader 会对经`<img>`标签 src 属性引用的图片进行定位和替换。

3）构建之后的资源地址被修正为带有 CDN 服务器域名和路径信息的完整 URL，并且 CDN 的信息与配置中的 publicPath 一致。这是 webpack 提供的可用于指定静态资源 CDN 服务器信息的配置项。

对于这种单入口的 SPA 项目，webpack 的注入模式非常适用。因为只存在一个 js 文件和一个 css 文件，分别注入`<body>`和`<head>`底部即可，无须关注它们在 HTML 文档中的确切位置。但是如果一个项目中存在多个页面，每个页面除有自身的 js 和 css 文件以外，还可能存在交叉引用。解决这种项目的资源定位问题就需要对 webpack 进行更深入的配置。

2. 多页面项目的资源定位方案

假设一个多页面项目的文件结构如下：

```
├── js
│   ├── main.auth.js
│   └── main.home.js
└── style
    ├── main.auth.css
    └── main.home.css
```

页面与资源之间存在以下引用关系。

- `index.home.html` 引用 `main.home.js` 和 `main.home.css`。
- `index.auth.html` 引用 `main.auth.js` 和 `main.auth.css`，同时交叉引用 `main.home.js` 和 `main.home.css`，并且 `main.home.css` 必须在 `main.auth.css` 之前加载，`main.home.js` 必须在 `main.auth.js` 之前加载。如下：

```
<html>
<head>
  <title>app</title>
  <link href=main.home.css" rel="stylesheet">
  <link href=main.auth.css" rel="stylesheet">
</head>
<body>
  <script type="text/javascript" src="main.home.js"></script>
  <script type="text/javascript" src="main.auth.js"></script>
</body>
</html>
```

当然，最佳的方式是通过模块化实现代码复用以避免交叉引用，但是在实际的开发中并非所有的项目都符合架构上的合理性，比如一些老旧项目只能使用交叉引用实现旧文件的复用。诸如此类的场景在实际开发中并不罕见，所以我们在设计构建系统时必须将其考虑在内。前文提到的 `chunks` 和 `chunksSortMode` 是实现这种需求的关键配置项。`chunks` 可用来指定 HTML 文档中注入的 Chunk，需要注意的是，`chunks` 的指定范围只能局限于 `entry`。比如 `entry` 的配置如下：

```
entry: {
  'main.home': 'js/main.home.js',
  'main.auth': 'js/main.auth.js'
}
```

那么 chunks 的取值只能在 main.home 和 main.auth 中选择。

- 两者任选一个——chunks:['main.home'] 或者 chunks:['main.auth']。
- 同时选择两个——chunks:['main.home','main.auth']。
- 两个都不选——chunks:[]。

index.auth.html 同时引用了 main.home 和 main.auth，所以对应的 html-webpack-plugin 配置项为：

```
new HtmlWebpackPlugin({
  filename: 'index.auth.html',
  template: 'index.auth.html',
  inject: true,
  chunks:['main.home','main.auth']
})
```

以上的配置可以实现 index.auth.html 同时引入 main.home 和 main.auth 对应的 js 和 css 文件，但是我们的需求还有一个如下的关键问题。

- main.home.css 必须在 main.auth.css 之前加载，以及 main.home.js 必须在 main.auth.js 之前加载。

也就是说引入的 Chunk 是有序的，main.home 相关资源（JS 和 CSS）处于 main.auth 资源的前面。chunksSortMode 选项的作用是将注入的资源进行排序。对应我们的需求，html-webpack-plugin 配置项如下：

```
new HtmlWebpackPlugin({
  filename: 'index.auth.html',
  template: 'index.auth.html',
  inject: true,
  chunks:['main.home','main.auth'],
  chunksSortMode: (chunkA,chunkB) => {
    const Order = ['main.home','main.auth'];
    const OrderA = Order.indexOf(chunkA.names[0]);
    const OrderB = Order.indexOf(chunkB.names[0]);
    if(OrderA > OrderB){
```

```
    return 1;
  }else if(OrderA < OrderB){
    return -1;
  }else{
    return 0;
  }
 }
})
```

综合以上的配置项，webpack 构建之后的 `index.auth.html` 内容为：

```
<html>
<head>
  <meta charset="utf-8">
  <title>app</title>
  <link href="//static.app.com/app/style/main.home.99b10e19.css" rel="stylesheet">
  <link href="//static.app.com/app/style/main.auth.7411b904.css" rel="stylesheet">
</head>
<body>
  <script type="text/javascript" src="//static.app.com/app/js/main.home.3591e424.js"></script>
  <script type="text/javascript" src="//static.app.com/app/js/main.auth.3d50aaff.js"></script>
</body>
</html>
```

截止到目前，针对 webpack 既有功能的配置组合能够完成我们提出的基本需求，但是通过以上的示例我们注意到了以下一点。

- 通过 chunks 选项配置的 Chunk 同时将 js 和 css 文件注入了 HTML 文档中。

那么请思考以下需求。

1）只注入 css 或者 js 文件。比如 `index.auth.html` 引用 `main.auth.js` 和 `main.auth.css` 的同时交叉引用了 `main.home.css`，但是并没有引用 `main.home.js`。

2)JS 的排序顺序与 CSS 不同。比如 `main.home.css` 必须在 `main.auth.css` 之前加载,但是 `main.home.js` 必须在 `main.auth.js` 之后加载。

webpack 对 Chunk 的划分是以 `entry` 指定的 JS 为单位的,CSS 是 Chunk 中的一部分而已,并且不是一个独立的 Chunk。所以 html-webpack-plugin 的 `chunks` 选项指定一个 Chunk 会将其对应的 js 和 css 文件全部注入到 HTML 文档中,并不能单独注入 JS 或者 CSS。这是无法解决第一个需求的症结。另外,`chunksSortMode` 的排序行为也针对一个完整的 Chunk(包括 JS 和 CSS),而不能单独对 JS 或者 CSS 进行排序。这是无法解决第二个需求的症结。

3.6 节我们提到,截止到目前,我们所做的工作只是将 webpack 的既有功能进行合理的组合,但是现在面临的是既有功能无法解决的需求。webpack 之所以成为目前最流行的构建工具之一,最关键的优势除体现在既有功能的强大以外,还体现在优秀的可扩展性。接下来,我们讲解如何使用 webpack 的扩展接口编写插件以满足上述需求。

3. html-webpack-plugin-before-html-processing

html-webpack-plugin 在编译 HTML 过程的不同阶段抛出了特定的事件类型,html-webpack-plugin-before-html-processing 是其中之一,对应的编译阶段各资源状态如下。

- JS、CSS 等静态资源的内容已经编译完成并且 URL 已经更新(包括 publicPath 和 hash 指纹)。
- HTML 文档中`<img>`标签引用的本地图片资源已经编译完成并且 URL 已更新。
- chunks 尚未注入 HTML。

比如 HTML 源码为:

```
<html>
<head>
```

```
    <title>app</title>
</head>
<body>
    <img src="./assets/logo.png">
</body>
</html>
```

处于 html-webpack-plugin-before-html-processing 阶段的 HTML 内容如下：

```
<html>
<head>
    <title>app</title>
</head>
<body>
    <img src="//map.test.com/app/assets/logo.873dcfe4.png">
</body>
</html>
```

既然此阶段的静态资源 URL 均已确定，而且 chunks 尚未注入 HTML 文档中，那么我们可不可以尝试如下这样一种处理方案呢？

- 关闭 `inject`，不让 chunks 自动注入 HTML 文档中。
- 手动在 HTML 文档中添加 `<link>` 和 `<script>` 标签引用对应的资源。
- 在 html-webpack-plugin-before-html-processing 阶段扫描 HTML 文档，获取要引用的资源，然后将其替换为构建后的 URL。

以上方案的优点是将 HTML 引用的静态资源的位置、种类全部交给开发人员控制，弥补了 webpack 逆向注入模式功能的不足。保证这种方案能够顺利执行的前提是必须在 html-webpack-plugin-before-html-processing 阶段能够执行以下行为。

1）获得静态资源构建后的 URL。

2）获得并且修改 HTML 文档的内容。

基于以上目标，我们将 html-webpack-plugin-before-html-processing 阶段暴露出的数据进行对照。首先需要明确的是，html-webpack-plugin-before-html-processing 是针

对 compilation 的一个事件。如果你想要编写 webpack 插件，必须弄清楚两个重要的对象——compiler 和 compilation。

- compiler 对象代表的是 webpack 执行环境的完整配置，只会在启动 webpack 时被创建，并且在 webpack 运行期间不会被修改。
- compilation 对象代表某个版本的资源对应的编译进程。当使用 webpack 的 development 中间件时，每次检测到项目文件有改动就会创建一个 compilation，进而能够针对改动生产全新的编译文件。compilation 对象包含当前模块资源、待编译文件、有改动的文件和监听依赖的所有信息。

你可以将 compiler 简单理解为不变的 webpack 执行环境和配置，是面向 webpack 的，与构建的项目文件无关；而 compilation 是面向动态可变的项目文件，只要有改动就会被重新创建和执行。

编写插件的过程很简单，首先需要编写一个构造函数用于接收配置：

```javascript
const HtmlWebpackPluginForLocate = function (options) {
  this.options = {...options};
}
```

其中 options 用来提供给用户配置插件功能的细节。

第二步需要针对指定的事件阶段（类似于监听事件）编写 apply 方法：

```javascript
HtmlWebpackPluginForLocate.prototype.apply = compiler => {
    compiler.plugin('compilation', compilation => {
compilation.plugin('html-webpack-plugin-before-html-processing',
      (htmlPluginData, callback) => {
        // 插件行为逻辑
      });
    });
  }
```

最后的工作便是编写插件行为逻辑本身了。请注意，在 html-webpack-plugin-before-html-processing 阶段可以捕获到两个对象 htmlPluginData 和 callback。

callback 的作用类似于 Express 中间件中的 next 函数，或者 Promise 的 resolve 和 reject 函数。执行完当前插件的逻辑之后必须调用 callback 以便进入后续流程，它属于 webpack 流程控制的一部分，没有构建相关的信息。

htmlPluginData 对象是解决我们所面临难题的关键，它所包含的信息数据非常繁杂。本书限于篇幅不便将全部信息进行展示，有兴趣的读者可以按照上述的流程将这些数据全部打印出来研究。我们从繁杂的数据中筛选出以下有用的数据，下面进行介绍。

- htmlPluginData.html——HTML 文档此阶段的内容。
- htmlPluginData.assets——参与构建的 JS、CSS 等静态资源的完整信息，结构如下：

```
{
  publicPath: '//static.app.com/app/',
  chunks: {
    'main.auth': {
      size: 73,
      entry: '//static.app.com/app/js/main.auth.7c4852ba.js',
      hash: '7c4852ba0fbfa5f9d2e5',
      css: ['//static.app/app/style/main.auth.7c4852ba.css']
    },
    'main.home': {
      size: 158,
      entry: '//static.app/app/js/main.home.f6a44e6d.js',
      hash: 'f6a44e6d46083b62874d',
      css: ['//static.app/app/style/main.home.f6a44e6d.css']
    }
  },
  js: [
    '//static.app/app/js/main.auth.7c4852ba.js',
    '//static.app/app/js/main.home.f6a44e6d.js'
  ],
  css: [
    '//static.app/app/style/main.auth.7c4852ba.css',
    '//static.app/app/style/main.home.f6a44e6d.css'
  ],
  manifest: undefined
```

```
    }
```

从中可以发现 assets 中包含了 JS 和 CSS 构建之后的完整信息。回顾上文，我们已经具备了以下所需数据。

1）静态资源构建之后的 URL。

2）HTML 文档的内容。

那么还剩一个关键问题：此阶段的 HTML 文档内容是否可以修改？答案是肯定的。htmlPluginData 并不是只读对象，后续流程会基于此阶段传入的数据进行处理，传输的媒介便是 callback：

```
    callback(null, htmlPluginData);
```

最后一个关键问题解决之后，目前已经具备了实施资源定位解决方案的全部要素。接下来要做的事情便很清晰了。

1）首先解析 htmlPluginData，将 html 与 assets 分别进行解析。

2）html 是文本格式，从中解析出引用 JS 和 CSS 的<script>和<link>标签。

3）assets 是一个对象，其中包含了构建输出文件的完整信息，包括构建之后的 URL。

4）将从 html 中解析出的 JS/CSS 应用于 assets 中的数据进行对照，将 [name] 相同的源文件地址替换为构建之后的地址。

上述流程虽然很简单明了，但是其中有以下两个难点。

1）如何确定 [name] 相同的源文件和构建输出文件？assets 中的资源 URL 是经过构建之后的完整地址，加入了 hash 指纹的文件名称与源文件并不相同。我们的目的是匹配 main.home.js 和 main.home.f6a44e6d.js，这个功能实现起来颇

2）如何从 html 文本内容中解析出<script>和<link>标签？Node.js 不是浏览器，并不具备操作 DOM 的能力，所以这个在浏览器环境下非常简单的需求放在 Node.js 环境下，实现起来并不简单。

4. 规范和配置，减轻逻辑复杂度的银弹

我们首先解决源文件与构建输出文件的命名匹配问题。各位读者可能注意到本章在讲解示例代码时，entry 配置的 js 文件名称始终是 main.[name].js 格式的，之所以保持使用固定的 main 为命名前缀，目的之一便是为了便于解决此时我们面临的源文件与输出文件的命名匹配问题。这也是作为本书讲解案例的前端工程体系 Boi 既定的命名规范之一。

此外，还需要关注的一点是：构建输出的文件名是否包含 hash 指纹。如果单纯从命名上进行判断，是无法准确断定 hash 指纹存在与否的，因此必须另辟蹊径。回顾上文，在编写 HtmlWebpackPluginForLocate 插件时，其构造函数可以接受一个配置项 options，那么我们可不可以以此为媒介，将构建是否开启 hash 指纹告知插件呢？答案是肯定的。比如在使用 HtmlWebpackPluginForLocate 插件时传入以下信息：

```
new HtmlWebpackPluginForLocate({
  // 文件名是否携带 hash 指纹
  useHash: true,
  // 文件名前缀
  chunkPrefix: 'main'
});
```

那么匹配过程中首先根据配置创建符合规范的文件名正则表达式，以 js 文件为例：

```
const REG_JS_FILENAME = new RegExp(`${this.options.chunkPrefix}[\\.\\-\\w+]+\\.js$`);
```

上述正则表达式约束文件名的格式为 main.[name].js，其中[name]的有效

字符包括英文字母、数字、．和-。

接下来要做的是从 assets 的输出文件 URL 中获取对应的源文件名：

```
const Path = require('path');
const map = {};

for(const outputUrl of assets.js){
  // 去除后缀的文件名实体
  const outputName = Path.basename(outputUrl,'.js');
  if(REG_JS_FILENAME.test(outputName)){
    let srcName = '';
    if(!this.options.useHash){
      // 未使用hash指纹则源文件名与输出文件名相同
      srcName = `{o$utputName}.js`;
    }else{
      let outputNameArr = outputName.split('.');
      // 在开启hash指纹的情况下将hash值从文件名数组中剔除后重组得到源文件名
      outputNameArr.pop();
      srcName = `${outputNameArr.join('.')}.js`;
    }
    map[srcName] = outputUrl;
  }
}
```

规范和配置的结合不仅能够大幅度地降低逻辑本身的复杂度，而且也增强了匹配的严谨度。

5. 正则表达式与 HTML 解析器，速度与质量的抉择

在解决了命名匹配的问题后，下一步的工作是将引用静态资源的`<script>`和`<link>`标签的 src 以及 href 替换为构建输出的 URL。这在浏览器环境下非常容易实现，但是 Node.js 并不具备操作 DOM 的能力，实现文本解析的本质是字符串操作。HTML 文本是由各种闭合或者自闭合的标签组成的，从解析角度来讲具备词法和语法解析的必要前提。并且受益于 HTML 的广泛使用，业界已经拥有了成熟的解析工具，比如 Parser 5。但是我们的目的只是将`<script>`和`<link>`的 src 以及 href 属性值进行替换，而不是对 HTML 文档进行深入的解析。成熟的解析工具无疑可以

提供严谨的解析策略，但是非常耗时。正则表达式是字符串操作中最常用的一种替换途径，而且速度非常快。但缺点也同样明显，HTML 具备高度的容错性，使用正则表达式进行匹配并不能保证百分百的严谨度。

所以我们现在又一次面临着选择：是选择速度更快的正则表达式，还是更严谨的 HTML 解析工具？

这是仁者见仁智者见智的问题，不同的团队可能会有不同的见解。本书不会偏向任何一种方案，但是如果使用正则表达式的话，建议同时使用 HTML Lint 保证规范的一致性，这样会在一定程度上增强正则表示式匹配的严谨度。作为本节案例的插件同时采用了两种方案可供开发者自由选择，感兴趣的读者可以参考源码 https://github.com/boijs/ html-webpack-plugin-replaceurl。

3.8 总结

构建系统是前端工程体系中功能最多、实现最复杂的环节。前端开发技术以及宿主的特殊性决定着构建系统不仅仅要解决编程本身的问题。除去语言层面的需求，构建系统还必须兼顾优化以及部署层面的问题。

JavaScript 和 CSS 是前端开发接触最多的两种技术。ECMAScript 2015 推出后，JavaScript 编程逐渐从面向浏览器过渡为面向语言本身。这一切都得益于 Babel 的转译能力。CSS 的弱编程能力一直折磨着前端开发人员，而且官方规范并没有强烈的趋势要解决这个问题。CSS 预编译在很大程度上弥补了 CSS 的弱编程能力，并且支持模块化且利于代码复用；PostCSS 是一种划时代的产品，理念类似于 Babel，提倡开发者编写干净的源码，将琐碎且耗时的工作交给 PostCSS。

缓存的合理利用是前端性能优化的原则之一，也是衡量部署策略合理性的要素之一。增量更新不仅避免了覆盖更新对于模板和资源部署同步性的硬性要求，同时也为版本回滚和多版本共存提供了支持。

资源定位是构建系统面向部署的必要功能，webpack 使用反向注入的方式实现静态资源的定位和替换。这种模式适用于没有历史包袱、模块化架构合理的项目，然而在实际开发中的部分特殊场景下需要开发者对静态资源的引用顺序、位置、类型有绝对的掌控权，注入模式并不适用。webpack 提供了丰富的扩展 API，为解决复杂的资源定位提供了强有力的技术支持。

webpack 功能丰富可以满足绝大多数的需求，但是配置非常复杂，需要一定的学习成本；同时对编程范式缺乏约束（当然这并不属于工具的能力范围）。上层封装的优势一是降低了配置的复杂度，可以令一线开发者快速上手；二是通过既定的规范降低了构建工具内部的逻辑复杂度，并且同时提高了源代码的可维护性。需要注意的是，规范和配置 API 应尽量减少对源码的捆绑性，以便利于后续的移植。

第 4 章

本地开发服务器

有了构建系统的支持，前端开发人员可以使用诸多有利于开发和维护的技术进行源代码编写。然而如果在开发过程中源码的每次修改都需要执行一次构建才可以在浏览器中调试，这显然非常影响工作效率。要解决这个问题，可以将本地开发服务器与构建系统结合，对源码进行监听并在其修改之后触发动态构建，以自动的方式取代人工。此外，构建系统将源码转化为生产环境可用的文件，主要解决了开发层面的问题。Web 开发过程中除开发层面的问题以外，协作同样是影响工作效率的重要因素，最典型的是前端逻辑依赖服务器端异步接口完成情况的串行工作流程。本地开发服务器的另一个主要功能是提供 Mock 服务以实现前后端并行开发。本章以 Node.js+Express+webpack 为案例技术选型，讲解如何设计和实现本地开发服务器中的各个功能模块。

本章主要包括以下内容。

- 分析本地开发服务器解决了哪些问题。
- 动态构建功能的设计与实现。
- Mock 服务的设计与实现。

4.1 本地开发服务器解决的问题

动态构建和 Mock 服务是本地开发服务器的主要功能。动态构建解决的问题是面向开发层面的，通过监听→修改→触发→构建的流程避免了源码的每次修改都需要人为地执行一次构建，便于开发过程中的即时调试。Mock 服务解决的问题是面向前后端协作层面的，以提前约定好的规范为前提，通过本地服务容器提供的 Mock 数据接口辅助前端逻辑的编写。此外，如果项目需要 SSR（服务器端渲染），本地开发服务器还需要具备解析 HTML 模板的功能，同时 Mock 服务提供 SSR 所需的初始数据。

1. 动态构建

动态构建存在的必要性是为了方便前端工程师在开发期间进行即时的调试。我们不妨设想一下没有动态构建场景下的开发流程。

1）前端工程师编写了一段源码之后，手动执行构建产出目标文件，然后在浏览器中查看效果。

2）目标文件在浏览器中运行时发现某个 CSS 属性存在问题。

3）工程师在浏览器调试面板中修正了问题，然后将修正后的代码写入源代码中，执行构建后再次打开浏览器查看效果。

4）然而此次构建后的目标文件仍然存在问题，工程师不得不重复着调试→修改源码→手动构建→调试的工作。

前端开发过程中需要非常频繁的调试，尤其是 CSS 效果的实现，每次修改源码后手动执行构建势必会拖慢工作效率。动态构建的作用是通过自动构建取代人工，减少前端工程师开发之外的精力消耗。如果把构建比喻为将宿主环境不识别的源码加工成可运行代码的加工机器，那么动态构建就是连接源码与加工机器的管道。这条管道有两个功能模块：监听和触发。管道开启期间，源码的任何修改行为都会被监听模块侦测到，然后触发模块唤起构建这台加工机器对改动后的源码进行加工。

基本流程如图 4-1 所示。

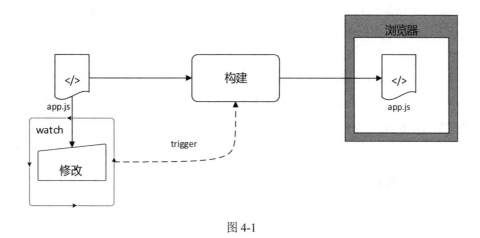

图 4-1

2. Mock 服务

动态构建为前端工程师单方面开发提供了便利，Mock 服务针对的是前后端开发人员协作过程中，部分前端逻辑开发必须以服务器端数据接口完成为前提，造成整体团队开发周期翻倍的问题。前端工程师使用本地服务器提供的 Mock 数据接口，在服务器端开发的同时进行前端逻辑的并行开发，待服务器端接口开发完成之后将接口的请求地址从 Mock 服务迁移至服务器端环境即可。Mock 服务能够发挥作用的必要前提是**前后端开发人员在正式进入开发之前协商好数据接口的规范**，这不仅仅是技术层面的问题。前面章节我们也提到过，前端工程体系不仅仅需要技术的支持，同样也包括人员沟通上的规范。

如果你的项目不是完全前后端分离的，则仍然需要依赖服务器端渲染 HTML，并且**本地开发服务器使用与服务器端同样的编程语言**，那么 Mock 服务还需要具备 SSR 功能，包括以下两点。

1）支持与服务器端相同的 HTML 模板引擎。

2）SSR 所需的 Mock 数据。

综上所述，Mock 服务等同于正式服务器的一个替代品，但是仅具备前端所需的基本功能（异步接口和 SSR），与前端逻辑无关的功能（比如数据库操作、缓存层、Session 管理等）不在 Mock 服务的范畴内。

与构建系统相比，本地开发服务器要解决的问题非常明确。接下来，我们以 Node.js 为服务平台，借助 Express 框架和 webpack，讲解在此技术架构之下实现动态构建和 Mock 服务过程中的关键问题。

4.2　动态构建

动态构建，或者叫作动态编译（Dynamic compilation），最早来源于 Self[1] 语言，使用此技术最广为人知的是 Java。前端工程体系中所谓的动态编译与 Java 中的同名概念并不相同，应用于 Java 的动态编译最普遍的是即时编译（JIT），将部分代码的编译行为推迟到运行时执行，目的是为了提高性能。而我们在此讨论的动态编译并没有那么复杂，按前文所述，本地开发服务器动态编译功能的目的是为了节省人力、方便前端开发和调试，本质原理是监听+触发。

webpack-dev-server 是官方提供的用于搭建本地开发环境的一个微型 Node.js 服务框架，并且提供动态编译、HMR（热更新）等功能。如果你的项目不需要 Mock 服务，webpack-dev-server 完全可以满足需求。但是 Mock 服务是本地开发服务器不可或缺甚至可以说是最重要的功能，不能舍弃。幸运的是，webpack 同时提供了 webpack-dev-middleware，它是 Express 框架的一个中间件，结合一些必要的功能模块可以实现动态编译以及热更新等功能。

4.2.1　webpack-dev-middleware

熟悉 Express 框架的开发者对中间件这个概念想必不会陌生，简单来讲，中间件

---

[1] Self 是一门基于原型（prototype）的 OOP 语言，具备动态类型、JIT 等特征。JavaScript 的发明在一定程度上受到了 Self 语言的启发。

是在输入到输出过程中对内容进行加工从而输出预想的数据。中间件并不是 Express 专属的，Node.js 的很多框架都有中间件的概念，比如 Koa。

webpack-dev-middleware 将 webpack 构建输出的文件存储在内存中。正常情况下，webpack 构建产出的文件会存储在 `output` 配置项指定的硬盘目录中。webpack-dev-middleware 在此基础上建立了一个文件映射机制，每当匹配到一个 webpack 构建产出文件的请求后便会将内存中与其对应的数据返回给发起请求的客户端。由于是内存的文件系统，没有耗时的硬盘读写过程，数据的更新非常快，这也是 webpack 相较其他同类工具的优势之一。

实际上，webpack-dev-server 也是在 Express 和 webpack-dev-middleware 基础上进行的封装。但由于不具备 Mock 服务，所以我们需要自行封装本地开发服务器。封装过程中需要注意以下两点。

1）如何启用对源文件的监听并触发动态编译？

2）如何令客户端可访问由 HTML 引用但是并未参与构建的本地静态文件？比如 jQuery 等第三方库，这类文件由独立的 `<script>` 标签引入，不参与 webpack 构建。

Express 使用 webpack-dev-middleware 与其他中间件一样，由 `use` 方法引入：

```
const Express = require('express');
const WebpackDevMiddleware = require('webpack-dev-middleware')
const App = Express();
App.use(WebpackDevMiddleware(<compiler>));
```

其中 `<compiler>` 是 webpack compiler[1] 实例，由 webpack 的 Node.js API 创建，如下：

```
const Webpack = require('webpack');
const Compiler = Webpack(<webpackConfig>);
```

> 小贴士：本书第 3 章简单介绍了 compiler 的概念，你可以回顾第 3 章的内容或者查询相关资料获取更多细节。

其中 `<webpackConfig>` 是 webpack 构建的配置项。最后启动 Express 服务即可：

```
App.listen(8080, err => {
  if (err) {
    throw new Error(err);
  }
});
```

1. 启动监听

实现监听和触发动态编译功能需要从 webpack-dev-middleware 的配置入手，与之相关的配置项有以下两个。

- `lazy`——是否开启惰性模式。
- `watchOptions`——监听细节配置。

这两个配置项是冲突的，`watchOptions` 在 `lazy` 模式开启时无效。在 `lazy` 所代表的惰性模式下，webpack 不会监听源文件的任何修改行为，只有在接收到客户端请求时才会执行重新编译。也就是说，惰性模式下的动态编译是由客户端请求触发的，webpack 被动执行。

默认情况下，webpack-dev-middleware 启用的是监听模式（`lazy:false`），主动监听源文件并且在其有修改行为时触发重新编译。`watchOptions` 包括以下子配置项。

- `aggregateTimeout`，指定 webpack 的执行频率，单位为毫秒，告知 webpack 将在此段时间内针对源代码的所有修改都聚合到一次重新编译行为中。经常编写 CSS 动画或者 Canvas 动画的前端开发人员对帧速率（Frame Rate）这个概念想必不会陌生，浏览器并不会在接收到绘制需求时便立即执行，而是将 1 秒（1000 毫秒）平均分为 60 帧，每 1 帧的绘制间隔约为

16.7 毫秒。也就是说，每隔 16.7 毫秒浏览器会将此时间内所有的绘制需求一起执行。之所以采用这样的策略，一方面是因为人眼能够感知到的平缓动画上限就是 60 帧/秒；另一方面也是考虑到性能因素，避免不必要且无用的额外工作，减轻系统负荷。同理，`aggregateTimeout` 也是出于性能优化的考虑，默认值为 300 毫秒。虽然没有生物学上的依据，但是这个时间间隔对于使用本地开发服务器进行开发调试的前端工程师来说已经足够快了。

- `ignored`，指定不参与监听的文件，比如 `/node_modules/`。此配置项会大幅降低 CPU 负荷和内存占用。
- `poll`，指定 webpack 监听无效时轮询校验文件的频率，单位为毫秒。webpack 实现监听的原理是借助于 Node.js 的文件 I/O 权限注册 Filesystem Event Listener（文件系统事件监听），对于一些不支持 Filesystem Event 的场景（比如虚拟机）webpack 无法监听到源文件的改动。定期轮询是 webpack 针对此类场景的备选方案。如果开发环境支持 Filesystem Event，将此配置设置为 `false`。

2. 静态资源服务

实际开发项目中并非所有的静态文件都参与构建，一些常用的第三方库通常使用单独的 `<script>` 或 `<link>` 标签引入：

```
<script src='/libs/js/jquery.min.js'></script>
<link href='/libs/css/normalize.css'>
```

由于此类文件不参与构建，不在 webpack-dev-middleware 的监听范围之内，也就不能够通过文件映射策略将其对应的请求映射到内存文件系统中。只能借助于 Express 内置的 static 中间件将这些文件作为静态内容开放给 HTTP 服务，如下：

```
App.use(`/libs`,
Express.static(Path.join(process.cwd(),'static')));
```

第一个参数 `/libs` 是客户端请求静态资源的根路径，`Express.static` 的参数是本地存放静态资源的绝对路径。上述代码的作用是将 `/libs` 路径的 HTTP 请求映射到本地项目中的/static目录。

综上，一个可以实现动态编译并且可提供静态文件服务的简易本地开发服务器的代码如下：

```js
const Express = require('express');
const Webpack = require('webpack');
const WebpackDevMiddleware = require('webpack-dev-middleware');

const App = Express();
const Compiler = Webpack({
  // webpack 配置
});
// 配置中间件
App.use(`/libs`, Express.static(Path.join(process.cwd(),'static')))
   .use(WebpackDevMiddleware(Compiler, {
     lazy: false,
     watchOptions: {
       aggregateTimeout: 300,
       ignored: /node_modules/,
       poll: false
     }
   }));
// 开启服务，监听 8080 端口
App.listen(8080, err => {
  if (err) {
    throw new Error(err);
  }
});
```

封装过程看上去非常简单，不足 20 行的代码就实现了一个简易的本地开发服务器。然而这仅仅是一个非常初始的开端，接下来请思考一个问题：源码改动之后，浏览器应该在何时获取重新编译后的资源？

这似乎是一个显而易见的问题，你可能会不假思索地回答：当然是在重新编译行为完成之后。那么我们如何知道重新编译何时完成呢？难道一直盯着命令行窗口直到获得输出编译完成的日志吗？前端工程体系的原则之一是能够自动化的工作就不要消耗人力,这种人工"盯梢"的方式显然违背了这条原则。在 webpack 发布之前,业界大多数工具对此问题的解决方案是:在动态编译完成之后立即触发浏览器自动刷新,从而让浏览器及时获取重新编译之后的资源,这种方案被称为 Livereload。webpack 使用了一种效率更高且更利于调试的解决方案:Hot Module Replacement,简称 HMR[1]。接下来,我们一起探讨 Livereload 和 HMR 的区别以及如何在本地开发服务器中综合 HMR 和 Livereload 以保证浏览器即时获取动态编译资源。

4.2.2 Livereload 和 HMR

Livereload 的原理是在浏览器和服务器之间创建 WebSocket 连接,服务器端在执行完动态编译之后发送 reload 事件至浏览器,浏览器接收到此事件之后刷新整个页面,流程如图 4-2 所示。

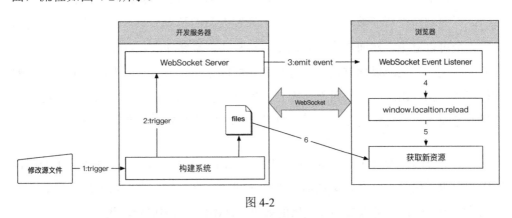

图 4-2

Livereload 虽然能够保证动态构建的资源被浏览器即时获取,但是它有一个致命的缺陷:**无法保存页面状态**。举个例子,调试是编写 CSS 最重要的一个环节,因为 CSS 没有逻辑性可言,即使是专家级的 CSS 开发者也不能保证不经调试编写的 CSS 在浏览器中得到预期的效果。所以几乎所有的 CSS 编写工作都是先通过浏览器调试面板查看效果,然后将代码写入源文件中的。此外,复杂的 CSS 效果可能并不是一个 HTML 元素便可以实现的,往往是需要多个元素配合的综合方案。那么请设想下

---

1 HMR 并非 webpack 独有的特性,Browserify 配合 HMR 插件同样可以实现类似的功能。

面这样的场景。

1）通过浏览器调试面板实现一个复杂的 CSS 效果，涉及的 HTML 元素个数为 5 个。

2）在将 CSS 代码写入源文件的过程中，在写入第 4 个元素的 CSS 代码之后不小心保存了源文件，或者干脆就遗漏了一个元素的代码。

3）源文件修改保存之后立即触发了动态构建，构建完成之后触发 Livereload。

4）页面刷新之后由于源文件中缺少了一个元素的 CSS 代码，导致 UI 乱作一团。

之所以出现上述场景的原因有两个，一是因为浏览器调试面板中的代码是临时性的，页面刷新之后便被清空；二是由于开发人员的马虎大意。你可能会说人为的失误完全可以避免，然而在实际开发中，这种"低级错误"反而是严重影响工作效率的因素之一。之所以建立前端工程体系的原因之一，便是在开发阶段允许一定的容错空间，在产出阶段对质量严格把控。所以，我们在搭建工程体系各个功能模块期间不能因为人为失误是技术层面外的因素而忽略了它对工程效率的影响。

即便不考虑人为失误，Livereload 对于一些需要复杂的操作流程才可展示的组件同样有影响。比如一个弹窗组件需要操作三四步才会展示，浏览器刷新之后必须重复完整的操作流程才可以看到修改后的效果。HMR 以局部更新取代整体页面刷新，有效地弥补了 Livereload 无法保存页面状态的缺陷。

1. HMR 工作流程

在开启 webpack-dev-server 模式下，webpack 向构建输出的文件中注入了一项额外的功能模块——HMR Runtime。同时在服务器端也注入了对应的服务模块——HMR Server。两者是客户端与服务器端的关系，与 Livereload 的实现方式类似的是，两者之间也是通过 WebSocket 进行通信的。HMR 热更新的流程如图 4-3 所示。

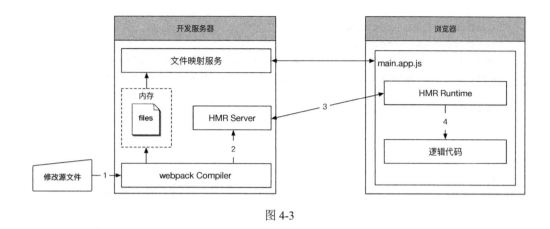

图 4-3

1)修改源文件并保存后,webpack 监听到 Filesystem Event 事件并触发了重新构建行为。

2)构建完成之后,webpack 将模块变动信息传递给 HMR Server。

3)HMR Server 通过 WebSocket 发送 Push 信息告知 HMR Runtime 需要更新客户端模块,HMR Runtime 随后通过 HTTP 获取待更新模块的内容详情。

4)最终,HMR Runtime 将更新的模块进行替换,在此过程中浏览器不会进行刷新。

以上流程虽然看上去非常清晰明了,但其中有许多技术细节值得品味,比如 HMR Server 以何种形式的文件将信息传递给 Runtime,Runtime 又是如何替换模块内容并且立即生效等。其中涉及 webpack 内部细节以及浏览器原理的部分知识,这部分内容并不在本书的讨论范畴内,感兴趣的读者可以自行查阅相关资料。

2. Express 集成 HMR 功能

webpack-hot-middleware 是可实现 HMR 的中间件,用于 Express 服务器端集成,集成方式很简单,只需在 webpack-dev-middleware 之后接入 HMR 中间件即可。在上文的集成方案基础上增加 HMR 中间件的代码如下:

```js
const Express = require('express');
const Webpack = require('webpack');
const WebpackDevMiddleware = require('webpack-dev-middleware');
const WebpackHotMiddleware = require('webpack-hot-middleware');

const App = Express();
const Compiler = Webpack({
  // webpack 配置
});
// 配置中间件
App.use(`/libs`, Express.static(Path.join(process.cwd(),'static')))
   .use(WebpackDevMiddleware(Compiler, {
     lazy: false,
     watchOptions: {
       aggregateTimeout: 300,
       ignored: /node_modules/,
       poll: false
     }
   }))
   .use(WebpackHotMiddleware(Compiler));
// 开启服务，监听 8080 端口
App.listen(8080, err => {
  if (err) {
    throw new Error(err);
  }
});
```

实现 HMR 不仅仅需要服务器端支持，还需要在构建产出的客户端文件中注入 HMR Runtime。配置 webpack 的 entry 加入 HMR 所需的模块，同时引入 HotModuleReplacementPlugin：

```js
entry: {
  'main.app':[
    'webpack-hot-middleware/client',
    './js/main.app.js'
  ]
},
plugins: [
  new webpack.HotModuleReplacementPlugin()
]
```

entry 中注入额外的模块会增加构建输出文件的体积，并且 HMR 的主要目的是便于开发阶段的即时调试，而测试和生产环境下并无此需求。所以必须控制 HMR Runtime 只在开发环境下注入，此需求的实现便涉及了执行环境的区分。本书第 1 章简单介绍了作为本书案例的前端工程方案 Boi 对于开发、测试和生产环境的区分以及如何通过命令行的方式指定环境变量，我们不妨将此变量名定义为 BOI_ENV，并将其作为 `process.env` 的一个子属性。其中 dev 所代表的开发环境对应本地开发服务器的开启状态，也就是说，当 `process.env.BOI_ENV = 'dev'` 时为开发环境。然后在 webpack 配置中通过判断环境变量为"dev"时注入 HMR Runtime。如下：

```
entry: {
  'main.app': process.env.BOI_ENV === 'dev' ? [
    'webpack-hot-middleware/client',
    './js/main.app.js'
  ] : './js/main.app.js'
}
```

这样便可以保证在测试和生产环境下不会注入冗余代码[1]。

至此我们便实现了一个可提供动态构建和 HMR 功能的本地开发服务器，如果你的项目中不需要 Mock 服务，完全可以直接使用功能更全面的 webpack dev server 作为本地开发服务器。我们只是挑选最典型的功能进行封装流程讲解，如果你的团队对于本地开发服务器有更多的需求，可以在此基础上自行封装。自行封装的目的一方面是为了便于集成 Mock 服务，另一方面是为了便于与前端工程体系中的其他功能模块联动以及整体配置的统一规划，比如上文提到的环境变量的使用。

4.3 Mock 服务

截止到目前，我们讨论的构建以及动态构建都是单方面解决前端开发过程中的问题，而 Mock 服务针对的是前后端协作层面的问题，通过模拟数据解耦了前端逻辑

---

1 环境区分是贯穿本书的一项重要设计，请读者务必谨记环境配置的重要性。

的编写对后端接口的依赖。Mock 服务是实现前后端分离和并行开发的核心,其重要性不言而喻。

4.3.1 Mock 的必要前提和发展进程

Mock 的必要前提是在正式进入开发阶段之前,前后端开发人员需要协定接口的规范细节,包括请求方法、入参、返回值等。服务器端工程师按照协定的规范实现接口,前端工程师以此规范为准使用 Mock 数据编写前端逻辑。

Mock 并不是新鲜事物,几乎每个前端工程师都接触过一个概念——假数据,也就是 Mock 最初的形态。

1. 假数据

假数据的普遍用法是在业务代码中直接声明一个变量,代替接口返回的数据,如下:

```
let data = null;
// @todo 接口完成后删除
const MockData = {
  a: 1
};
// @todo 接口完成后删除
data = MockData;
/** @todo 接口开发完成后去掉注释
// 请求开始前设置 loading 状态开启
loading = true;
$.ajax({
  url: '/api',
  dataType: 'jsonp',
  success(res){
    if(res.code === 200 && res.response){
      data = res.response.data;
    }else{
      alert(res.errMsg);
    }
  },
```

```
  fail(){
    alert('操作失败');
  },
  complete(){
    // 请求完成之后消除 loading 状态
    loading = false;
  }
}); */
```

使用代码中的假数据进行调试非常方便，不需要介入任何辅助工具。然而仔细观察上述代码我们发现这种 Mock 方式有致命的缺陷。

1）如果前端逻辑中涉及大量的接口调用，便会产生大量的假数据对象以及注释。接口开发完成后，前端开发人员需要将这些无用的代码全部删除。这样不仅工作量巨大，而且倘若一时疏忽忘记修改某个接口的假数据逻辑便部署上线，对产品来说便是一场灾难。

2）无法模拟接口的请求流程以及异常处理。仍旧以上述代码为例，假设前端逻辑需要根据接口返回数据的 `errMsg` 来展示对应的错误提示，而在使用假数据进行调试的过程中并没有执行接口的请求行为，所以无法捕捉到错误信息。

综上，在业务代码中编写假数据的方式虽然简单方便，但是无论是从代码逻辑的严谨度，还是产品的质量保障角度考虑，这种方案都存在难以忽视的弊端。

2. 客户端 Mock

Mock 进化的第二种形态是以 Mock.js 为代表的客户端 Mock，工作原理是在客户端拦截 JavaScript 代码发出的 AJAX 请求并返回由 Mock.js 创建的假数据。如下：

```
<!-- @todo 接口完成后删除 -->
<script src="/libs/js/mock.js"></script>
<script>
// 拦截 AJAX 请求并返回假数据
// @todo 接口完成后删除
Mock.mock('/api', {
  'code|1': [
```

```
      200,
      404,
      500
    ],
    'errMsg|1': [
      '资源未找到',
      '服务器错误'
    ],
    'data': {
      'a': 1
    }
});

// 请求开始前设置 loading 状态开启
loading = true;
$.ajax({
  url: '/api',
  dataType: 'jsonp',
  success(res){
    if(res.code === 200 && res.response){
      data = res.response.data;
    }else{
      alert(res.errMsg);
    }
  },
  fail(){
    alert('操作失败');
  },
  complete(){
    // 请求完成之后消除 loading 状态
    loading = false;
  }
});
</script>
```

Mock.js 可以随机创建假数据，在此基础上，前端逻辑便可以处理各种异常状态。客户端 Mock 的优点是解决了代码中直接编写假数据无法模拟请求流程和异常处理的问题，并且客户端 Mock 相当于创建了一个模拟接口，而不是针对某个接口的假数据。所以可以将客户端 Mock 的代码集中写入一个单独的 js 文件，一方面便于统一维护，另一方面在接口完成之后直接把引用 Mock 的 js 文件删除即可：

```html
<!-- @todo 接口完成后删除 -->
<script src="/libs/js/mock.js"></script>
<!-- @todo 接口完成后删除 -->
<script src="/libs/js/mock-api.js"></script>
<script>
// 请求开始前设置 loading 状态开启
loading = true;
$.ajax({
  url: '/api',
  dataType: 'jsonp',
  success(res){
    if(res.code === 200 && res.response){
      data = res.response.data;
    }else{
      alert(res.errMsg);
    }
  },
  fail(){
    alert('操作失败');
  },
  complete(){
    // 请求完成之后消除 loading 状态
    loading = false;
  }
});
</script>
```

然而即便客户端 Mock 提供了诸多便利，Mock 相关的代码或文件仍然必须存在于业务代码中，而部署上线之前需要将其删除，这对于产品质量保障始终存在一定的隐患。既然在客户端实现 Mock 的方案不严谨，那么可不可以把它迁移到服务器端呢？

3. Mock Server

不论是假数据还是客户端 Mock，都涉及业务代码的修改。也就是说，除了业务逻辑本身，一线开发者还需要关注工具层面的问题。从前端工程化的角度考量，作为辅助性质的工具应尽量减少对业务开发人员精力的占用，Mock 同样如此。将 Mock 作为一种服务集成到前端工程体系中的工作流程如图 4-4 所示。

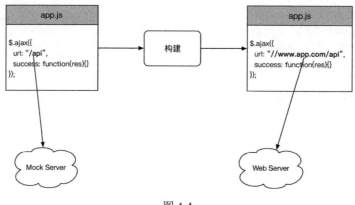

图 4-4

- 在开发阶段使用 Mock Server 提供的与真实接口规范和逻辑一致的本地接口进行开发。
- 开发完成之后，在构建阶段将 Mock 的地址修改为已完成的真实服务器端接口地址。

在 Mock Server 的辅助下，业务开发人员既不必在 Mock 上花费额外的精力，开发完成之后业务代码中也不存在冗余的逻辑和文件引用。

Mock Server 能够得以普及，Node.js 居功甚伟。在 Node.js 之前，搭建 Mock Server 通常使用 PHP 等易部署的服务器端语言，然而 PHP 并不能直接提供 HTTP 服务，需要搭配 Apache、Nginx 等专业服务器软件，这带来了额外的成本开销。Node.js 大幅度降低了搭建 Mock Server 的成本，使用 Connect 模块可以直接提供 HTTP 服务。而且灵活、易学的 JavaScript 语言进一步降低了 Mock Server 的开发难度。接下来，我们分析搭建 Mock Server 过程中需要注意的典型问题，以及如何结合 webpack 构建系统将 Mock Server 集成到本地开发服务器中。

4.3.2 异步数据接口

Mock Server 最普遍的使用场景是模拟异步数据接口，比如使用 AJAX 或者 JSONP 获取和提交数据。模拟的方式通常有如下两种。

- **Local**——本地模式，使用本地的 JSON 数据作为异步接口的请求响应。

- **Proxy**——代理模式，将异步接口代理到线上的其他接口地址，类似于转接者角色。

Mock Server 本质上是一个简化版的 Web Server，最基础的组件是负责分发的路由，如图 4-5 所示。

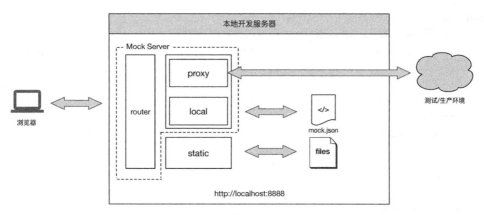

图 4-5

1. Local 模式

Local 模式是 Mock Server 最普遍的实现方式，简单概括就是在开发阶段使用本地 API 代替真实 API 地址，使用本地 JSON 作为接口的返回数据。具体的搭建流程如下。

1）通过路由创建一个可访问的本地域名 API 代替真实 API，比如使用 /login 代替 http://auth.app.com/login。

2）在路由响应函数内对请求进行校验，比如是否为 JSONP 请求，然后返回本地 JSON 数据。

3）前端工程师在开发阶段的业务代码中将 http://auth.app.com/login 修改为本地 API/login。

以下是使用 Express 实现本地 /login 接口的简易 Mock Server：

```javascript
  const Path = require('path');
  const Express = require('express');
  const App = Express();

  App.get('/login', (req, res) => {
    // 读取本地 JSON 数据
    const MockData =
require(Path.join(process.cwd(),'./mockdata/login.js'));
    // 根据是否为 JSONP 请求返回对应格式的数据
    req.query.callback ? res.jsonp(MockData) : res.json(MockData);
  });

  App.listen(8888, err => {
    if (err) {
      throw new Error(err);
    }
  });
```

2. Proxy 模式

传统意义上的 HTTP Proxy Server（HTTP 代理服务器）是介于客户端与 Web Server 之间的中转站，通常是为了节省 IP 开销、缓存利用等目的。Mock Server 的 Proxy 模式并没有 HTTP 代理服务器那么复杂的功能和需求，其最主要的功能是为了解决某些接口不支持跨域请求的限制。比如：

- 规模庞大的业务往往需要多台不同域的服务提供不同的数据服务，比如用户相关的服务处于 `auth.app.com` 域名内，主站服务处于 `www.app.com` 域名内。

- 假设迭代需求不涉及主站接口 `http://www.app.com/data` 的改动（请注意，此处的场景是仅仅不涉及此接口的修改，主站其他接口可能会需要改动），开发阶段不必花费精力创建此接口的 Mock，可以直接使用生产环境的服务。

- 主站 `www.app.com` 的接口不支持跨域请求。项目上线后处于主站同域名内，所以生产环境不涉及跨域请求。

- 前端工程师所处的开发环境域名为 `localhost`，由于某些业务限制，不能通过修改 host 文件将本地 IP 映射为 `www.app.com`。

因为跨域限制是浏览器的安全策略之一，在 Web Server 层没有跨域的限制，所以对于以上场景，使用 Mock Server 的 Proxy 模式可以保证开发环境能够模拟生产环境的请求逻辑。

express-http-proxy 是一个能够实现 HTTP 请求代理的 Express 中间件，在上文的简易 Mock Server 基础上，集成 Proxy 模式后的代码如下：

```
const Path = require('path');
const Express = require('express');
const Proxy = require('express-http-proxy');
const App = Express();

App.get('/login', (req, res) => {
  // 读取本地 JSON 数据
  const MockData =
require(Path.join(process.cwd(),'./mockdata/login.js'));
  // 根据是否为 JSONP 请求返回对应格式的数据
  req.query.callback ? res.jsonp(MockData) : res.json(MockData);
});

// 将 data 接口代理到主站生产环境
App.use('/data', Proxy('http://www.app.com'));

App.listen(8888, err => {
  if (err) {
    throw new Error(err);
  }
});
```

3. DefinePlugin 和环境变量

开发环境使用 Mock Server 将所有的真实接口地址修改为本地域名地址，在部署测试和生产环境之前必须将接口的地址复原。如果通过手动修改的话，对于业务代码量庞大的项目来说不仅仅工作量巨大，而且人为失误对于产品质量保障存在难以预估的隐患。项目代码从开发环境迁移到测试和生产环境之前必须经过构建，我们可以将构建系统作为切入点，使用工具自动完成接口地址的修改，既减轻了开发人员的工作量,还能够为产品质量保障提供更严谨的支持。

接口地址的修改需求涉及如下两个方面。

1)**执行环境**。开发、测试、生产环境下的接口地址均不同,所以必须能够根据部署目标环境将接口修改为对应的地址。

2)**字符串修改**。对于 JavaScript 代码来说,接口地址就是一个字符串而已,我们要做的便是将该字符串修改为指定的值。

本书第 1 章提到了前端工程体系中针对环境配置的规范,所以现在重点和难点问题便集中在如何高效地修改代码中的字符串上。最笨也是最简单的方法是遍历全部代码找到目标字符串,然后使用 String.replace 进行替换。但是这种方法不仅工作量大,而且并不严谨[1]。幸运的是,我们使用了 webpack 作为构建系统的核心,这个问题在我们之前便已经被先驱者使用更严谨的方案解决了。

DefinePlugin 是 webpack 的一个插件,用于定义一系列在构建阶段被替换的全局变量。此处的全局变量并不是 JavaScript 语境下的 window 或者 global 变量,而是针对 webpack 而言的全局可访问变量。DefinePlugin 定义变量的语法如下:

```
entry: {
  'main.app': './js/main.app.js'
},
plugins: [
  new webpack.DefinePlugin({
    AUTH_API_DOMAIN: '//auth.app.com',
    HOME_API_DOMAIN: '//www.app.com'
  })
]
```

上述代码定义了两个全局变量 AUTH_API_DOMAIN 和 HOME_API_DOMAIN,经过构建之后,源代码中这两个变量分别被替换为 '//auth.app.com' 和

---

1 可以参考本书第 3 章资源定位部分关于正则表达式替换方案的描述案例。

'//www.app.com'。比如源代码的部分逻辑如下：

```
// 请求位于 auth.app.com 域名下的 login 接口
$.ajax({
  url: `${AUTH_API_DOMAIN}/login`,
  success(res){}
});

// 请求位于 www.app.com 域名下的 login 接口
$.ajax({
  url: `${HOME_API_DOMAIN}/data`,
  success(res){}
});
```

经过构建之后的内容为：

```
// 请求位于 auth.app.com 域名下的 login 接口
$.ajax({
  url: '//auth.app.com/login',
  success(res){}
});

// 请求位于 www.app.com 域名下的 login 接口
$.ajax({
  url: '//www.app.com/data',
  success(res){}
});
```

结合环境变量，在配置 DefinePlugin 时指定不同环境下的替换值：

```
new webpack.DefinePlugin({
    AUTH_API_DOMAIN: process.env.BOI_ENV === 'dev' ? '' : '//auth.app.com',
    HOME_API_DOMAIN: process.env.BOI_ENV === 'dev' ? '' : '//www.app.com'
})
```

以上代码的作用是在开发环境下将接口地址映射到本地的 Mock Server，非开发环境下修改为真实域名的地址。至此，我们便完成了一个提供异步数据接口的 Mock Server，以及能够针对目标环境自动修改请求地址的构建系统。虽然提到了 Proxy 模式,但是本书并不推荐在 Mock Server 中使用此模式,因为在搭建 HTTP 代理时可能会踩很多的坑,比如 https 验证、session 管理等。如果你的项目中真实存在一些只能通过 Proxy 模式解决的场景,可能在搭建 HTTP 代理时踩坑的时间足够将项目架构做一次完整的调整了。

4.3.3 SSR

根据项目需求,除异步数据接口以外,Mock Server 还需要兼顾 SSR 的场景。虽然目前市场大多数采用前后端分离开发的团队将 HTML 的渲染工作交给了客户端,但是依赖于 SEO 的产品仍然难以避免使用服务器端渲染。也就是说,HTML 模板源文件需要由服务器端维护,前端开发人员使用与服务器端语言统一的 Mock Server 承担 HTML 模板的渲染工作以便于前端逻辑的开发。这是 Mock Server 支持 SSR 的场景之一。除此之外,如果页面 HTML 文档中初始静态内容过多,前端工程师会偏向于使用 HTML 模板语法编写源代码,便于模块化开发和维护。

加入 SSR 支持的 Mock Server 架构如图 4-6 所示。

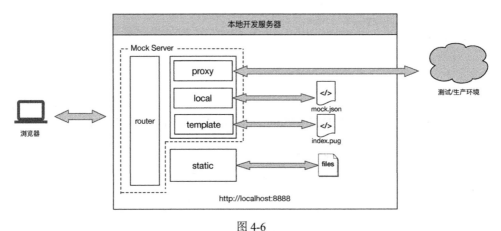

图 4-6

Mock Server 支持 SSR 的场景分为以下两种。

1)页面初始输出的静态内容较多,使用 HTML 模板语言便于模块化开发和维护。

2)依靠服务器端动态数据渲染初始页面。

对于第一种场景,使用 HTML 模板语法编写的文件只存在于源代码中,经过构建被编译为规范的 HTML 语法。所以处理这类需求的方案与处理 SCSS/ES6 类似,在 webpack 中配置对应的 loader 和 plugin 即可。比如使用 pug 模板(原 jade 模板)的 webpack 配置如下:

```
module: {
  rules: [{
    test: /\.pug/,
    use;[{
      loader: 'html-loader'
    },{
      loader: 'pug-html-loader',
      optitions: {
        // 传递给模板的数据
        data: {}
      }
    }]
  }]
},
plugins: [
  new HtmlWebpackPlugin({
    filename: 'index.html',
    template: 'index.pug'
  })
]
```

在这类场景下,HTML 模板语法只是为了便于开发和维护,构建产出规范的 HTML 文件由前端工程师负责部署,而不是与服务器端代码一同部署。换句话说,渲染是在构建阶段"预执行"的,而不是在生产环境下即时执行的。所以我们不妨将这类场景称为预服务器端渲染。预 SSR 场景与无 SSR 场景解决资源定位的方案完全一致,具体方案细节可以参阅本书第 3 章资源定位部分。

第二类场景是常规意义上的 SSR,也就是即时服务器端渲染,针对的是非前后端分离项目。HTML 模板语法编写的文件不仅仅存在于源代码中,而且会与服务器端代码一同部署，生产环境下接收到客户端请求后即时执行渲染工作。Mock Server 支持即时 SSR 的必要前提是必须使用与服务器端相同的编程语言搭建。此类场景对于前端工程体系而言最难实现的并不在于 Mock Server，而在于构建阶段的资源定位。因为 Mock Server 只作用于开发阶段，所以使用与预 SSR 场景相同的处理方案即可支持开发环境下的即时渲染和调试。对于资源定位来说，采用即时 SSR 的项目便是处于本书第 3 章 3.7 节所述的第二个进化阶段。此阶段资源定位的最佳解决方案为：前端构建系统产出静态文件资源映射表，并将表文件交付给后端构建系统，由后端构建系统执行静态文件地址的替换工作。对于此方案的最佳实践是百度的 FIS，感兴趣的读者可以参阅相关资料了解更多细节。

4.4 总结

本地开发服务器主要包括两个模块：动态构建和 Mock 服务。

动态构建的主要目的是为了便于前端工程师在开发阶段的调试。有了 Node.js 文件 I/O 权限支持，配合 webpack 的局部热更新机制，可以实现浏览器无刷新的即时调试。

Mock 是支持前后端分离和并行开发的核心要素。从最初的在代码中编写假数据到客户端拦截请求返回假数据，再到目前普及的 Mock Server，Mock 具体形态不断演进的背后是前后端工程师分工的不断细化和明确。

本地开发服务器虽然只作用于开发阶段，但是仍然严格遵循整体前端工程体系的基本规范，比如执行环境的区分和环境变量的使用。动态构建依赖环境变量决定客户端是否注入 HMR Runtime；源代码使用 Mock Server 的重要前提是将接口请求地址指向本地域名，之后在构建阶段中环境变量直接影响接口真实地址的赋值。执行环境的区分是前端工程体系最重要的规范之一，本书会在讲解各个功能模块的过程中说明环境对于功能的影响，以加深读者对于执行环境概念的理解。

第 5 章 部署

自脚手架创建初始项目，本地开发服务器搭建环境辅助开发，直到源代码开发完成，经构建后产出目标环境可用代码，流程截止到此阶段所有的工作都是针对开发的。或者换句话说，这些工作都是开发人员的"分内之事"。下一步的工作是将构建产出的代码部署到指定的环境。很多开发人员，尤其是前端开发人员将部署看作一件非常简单且无聊的工作，他们对于部署的理解仍然停留在"使用一些工具（比如 FTP 上传工具）将文件传输到指定的服务器上，然后交给运维人员发布上线即可"的层面。诚然，这种部署方式流程上非常简单并且快速，非常适用于单人负责整个项目的小规模团队。但是对于用户体量庞大的产品和拥有多分支体系的技术团队，部署工作必须综合考量协作、速度、安全等多方面因素。要实现这些目标，部署便不仅仅是上传文件的行为，而是一套完整的流程。

本章从前端的角度剖析部署流程中需要注意的问题，主要包括以下内容。

- 部署流程的设计原则及解决思路。
- 前端静态资源的部署策略。

5.1 部署流程的设计原则

首先我们需要明确在此讨论的部署指的是开发人员将构建产出的代码包部署至测

试机[1] 的过程，而并非是将测试完成的代码发布至生产环境的过程。出于安全性考虑，发布流程通常交由专业的运维人员负责，只有极少数团队的开发人员拥有发布上线的权限。

测试机通常是为了搭建测试环境或者仿真生产环境使用，也有些团队称之为跳板机。测试机一般只供内网访问，即使测试环境出现问题也不会影响线上用户，所以很多团队并不重视测试环境的部署流程，尤其是前端。常规前端的部署只涉及静态资源，以至于很多团队所谓的前端部署就是使用 FTP 工具将文件上传至测试机。这种部署方式的优点是方便快速，适用于规模较小或者初创型团队。用户体量庞大的项目开发团队通常有明确的结构化分工，重要功能的迭代需要多人协作完成。并且即便是非生产环境，也有严谨的环境配置、部署、发布等规范，比如笔者曾经供职的一个 Web 开发团队有明确的测试环境、仿真生产环境以及灰度发布环境。在这样的团队中，任何一个微小的错误都有可能拖延整体的测试和发布时间，而对于追求迭代效率的互联网产品而言，时间就是成本，也是赚取用户量的资本。设想一下这种部署方式在结构化严谨的团队中会有哪些问题。

1. 使用 FTP 工具上传文件虽然方便快速，但其实也并没有"特别方便"，唯一的方便在于工具是现成的，不需要额外的开发成本。比如在集成测试阶段，开发人员从测试人员处得到一个 Bug 反馈，修复完成后需要打开 FTP 工具，定位到指定目录然后上传修改后的文件。每次的 Bug 修复都需要重复这个过程。

2. 多人协作完成的项目如果存在多人同时修复 Bug，并且假设开发人员 A 在修复 Bug 之后忘记将代码提交到仓库，就会造成其余开发人员在旧版本代码基础上进行改动，部署之后发现之前由 A 修复的 Bug 又重新出现了。更糟糕的是，假如 A 修改了一个核心模块，后续所有依赖此模块的功能部署都会崩溃。

3. 最坏的场景之一：假设测试机缺乏严谨的权限控制策略，开发人员失误将功

---

[1] 部署和发布是持续集成和持续交付的重要环节，感兴趣的读者可以查阅相关资料和书籍进行深入研究。

能 A 的代码部署到功能 B 的目录中，造成产品的整体崩溃。更糟糕的是，功能 B 是由其他团队负责并且此次迭代不涉及功能 B 的改动，所以还需要联系负责团队重新部署功能 B 的代码。

上述 3 个问题分别对应部署流程的 3 个设计原则：速度、协作和安全。这三者也是衡量部署流程的 3 项指标。不同规模、不同结构的团队和项目所侧重的指标有所偏差，比如前端功能由单人负责的小型项目比较侧重于速度，体量庞大的团队则更侧重于安全和协作。

5.1.1 速度——化繁为简

现有工具的优点是功能全面，无须二次开发即可立即投入使用，对于需求比较紧急的团队是很好的临时选型，然而却不是长久可持续的方案，具体表现在：

1. 无法将配置与项目绑定对应关系。

2. 需要一定的人工逻辑操作，比较烦琐。

简单概括就是这种部署方式不符合工程化思想，虽然不是刀耕火种，但也仅仅是掌握了工具的初级阶段。将部署流程工程化的第一步便是化繁为简，用简单自动化的方式取代烦琐的工具使用。虽然初期需要一定的开发成本，但这是一项磨刀不误砍柴工的必要工作。其中必须遵循的两个原则如下。

1. **可配置化**。部署的目标服务器、路径信息应该与项目一一对应，并且可供负责部署的人员进行配置。

2. **操作简化**。部署行为（请注意是部署行为而非部署流程）的操作应该足够简单，而不应该像 FTP 工具一样每次部署都需要按照"打开工具→连接服务器→定位路径→上传文件"的流程进行手动操作。

仍然以前端工程体系 Boi 为例，按照上述原则实现本地部署模块的步骤如下。

1. 制定配置策略,并且支持针对特定环境分别配置。

2. 实现部署行为,以 SFTP 协议为连接协议。

3. 开发命令行接口,部署人员唯一需要手动操作的便是使用终端执行 Boi 提供的部署命令。

第一步:制定配置策略

下面的代码定义了针对测试环境的部署配置:

```
boi.deploy({
  testing: {
    cdn: {
      domain: 'https://test.app.com/',
      path: '/app/'
    },
    connect: {
      type: 'sftp',
      config: {
        host: '192.168.1.1',
        path: '/app/',
        auth: {
          username: 'test',
          password: 'test'
        }
      }
    }
  }
});
```

其中 cdn 是为了配合资源定位,与部署行为本身无关;connect 配置指定了执行部署的连接协议 SFTP 以及目标服务器的 IP、项目部署路径和认证信息。转化特定环境配置的方法很简单,首先判断当前指定的执行环境,然后判断配置项中是否存在对应的子配置项。如下:

```
this.options = options[process.env.BOI_ENV] || options;
```

下一步便是将针对 SFTP 部署功能的配置项传递给对应的模块：

```
require('./deploy_sftp.js')(this.options.connect.config);
```

第二步：实现部署行为

部署行为本身的实现并不困难，说白了就是将文件上传到指定的服务器。SFTP 是 SSH 的一部分，全称为 Secure File Transfer Protocol（安全文件传输协议）。使用 node-ssh2 模块实现 SFTP 上传文件的流程非常简单，即建立 SSH 连接→遍历本地待部署目录→依次上传待部署文件。简易代码如下：

```
const Glob = require('glob');
const Path = require('path');
const SSHClient = require('ssh2').Client;

const SSHConn = new SSHClient();

module.exports = function(connect){
  // 部署目标路径
  const TargetPath = connect.path;
  // 本地待部署目录
  const SourcePath = Path.join(process.cwd(),'dest');
  // 监听 ready 事件
  SSHConn.on('ready',() => {
    SSHConn.sftp((err,sftp) => {
      if(err){
        // 异常结束 SSH 连接
        SSHConn.end();
        throw err;
      }
      Glob(Path.join(SourcePath,'**/**.**'),(err,files) => {
        if(err || !files || files.length === 0){
          SSHConn.end();
          throw err;
        }
        files.forEach(file => {
          let _file = file.replace(SourcePath, '');
          // 获取子目录名称
          let _fileDirname = Path.parse(_file).dir;
```

```
      // 目标子目录路径
      let _targetDirname = Path.join(TargetPath, _fileDirname);
      // 目标完整路径
      let _targetFile = Path.join(TargetPath, _file);

      new Promise((resolve, reject) => {
        // 判断目标路径是否存在
        sftp.exists(_targetDirname, (isExist) => {
          if (isExist) {
            resolve();
          } else {
            reject();
          }
        });
      }).catch(() => {
        // 创建目标目录
        return new Promise((resolve) => {
          SSHConn.exec(`mkdir -p ${_targetDirname}`, (err, stream) => {
            if (err) throw err;
            stream.on('end', err => {
              if (err) throw err;
              resolve();
            });
          });
        });
      }).then(() => {
        // 上传
        sftp.fastPut(_file, _targetFile, err => {
          if (err) throw err;
        });
      }).catch(err => {
        SSHConn.end();
        throw err;
      });
    });
  });
});
// 连接
SSHConn.connect({
  host: connect.host,
```

```
    port: connect.port || 22,
    username: connect.auth && connect.auth.username,
    password: connect.auth && connect.auth.password
  });
};
```

上述代码依据项目的部署配置实现了路径定位、创建子目录和文件上传功能，也就是我们使用 FTP 工具进行部署时的基本操作步骤。这一切都是程序自动运行的，以内聚复杂度取代烦琐的手动操作。限于篇幅本书只精简展示了主要逻辑，完整的部署上传模块还需要考虑权限验证、路径一致性判断、优化提示等细节。

第三步：实现命令行接口

功能实体逻辑通过命令行的方式暴露给用户，命令行接口的实现可以按照本书第 2 章 2.4 节集成脚手架类似的方式进行，唯一需要注意的是提供指定执行环境的配置项。Boi 的部署命令为：

```
boi deploy --env <env>
```

通过<env>指定目标环境，此配置项会影响项目部署配置的读取。

与使用现有工具相比，命令行执行本地部署的优点如下。

1. 部署目标的配置与项目有严格的对应关系，一经指定，后续每次部署都无须修改。

2. 用户操作简化，每次部署仅需要执行 `boi deploy` 命令即可。

5.1.2　协作——代码审查和部署队列

协作的本质是个体或者团体之间的交流互助过程，但凡涉及沟通的问题就不是能够从技术角度单方面解决的。上文提到的协作问题是一个经典的案例，引起此问题的症结有如下两点。

1. 沟通不及时导致的代码不同步。

2. 控制不严格导致的部署错误覆盖。

代码审查是解决代码不同步问题的最有效且成本最低的途径。我们在此讨论的代码审查所指的并不是大家坐在一起对某位同事寥寥无几的代码"吹毛求疵"。大多数开发人员都有一种奇怪的"癖好"：他们往往可以从十几行甚至几行代码中挑出各种毛病，然而对于几百上千行的代码只要实现了功能就认为是很了不起的逻辑。这种奇怪的"癖好"造成一次代码审查会议需要消耗大量的时间。不可否认这种细致的"挑刺"行为确实能够有效地提升开发人员对于细节的掌控，但是与所消耗的时间成本相比并不十分划算。这种审查会议适合作为一种制度定期开展，比如每周或者每个月，然而并不适合在紧张的迭代周期内长期进行。

我们在此讨论的代码审查指的是轻量的、经常性的、贯穿整个迭代周期的审查行为。常规的代码审查往往在一次迭代完成之后进行，审查内容以代码为主，而此处所指的审查行为以同步进度为目的、以沟通为主要途径。比如迭代功能中涉及多名前端开发人员，每个人负责一个模块并且这些模块存在一定的耦合关系。以 Git 为例，多名开发人员从同一个 dev 分支创建各自的 feature 分支进行开发，口头约定开发完成之后必须 merge 到 dev 分支后才可进行部署，如图 5-1 所示。

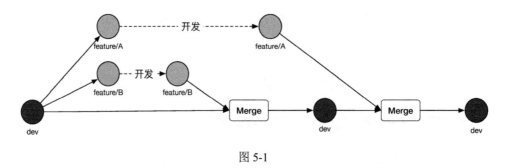

图 5-1

feature/A 分支的开发进度落后于 feature/B 分支，所以 feature/A 被 merge 到 dev 分支后提交记录里应该已经有了 feature/B 分支的记录。然而假如负责 feature/B 分支的开发人员在部署之前忘记了 merge 到 dev 分支，导致负责 feature/A 分支的开发人员将代码 merge 到了旧版本的 dev 分支上,部署后 feature/B 的代码被覆盖。如果两个开发人员在部署之前对 Git 的提交进行审查,发现问题后及时沟通,这样就能够避免很多类似的问题。

再比如当使用 webpack 提取公共模块时,如果某位开发人员擅自修改了公共模块列表,也会造成其他开发人员代码无法正常运行。这只是一些典型的案例,类似的场景还有很多。代码审查在其中的作用是及时同步进度,而并不是审查代码的逻辑是否合理或者有没有安全隐患,因为这些工作属于测试阶段或者代码审查会议上的工作。

代码审查本质是人为进行的,虽然我们可以制定严格的规章制度进行约束,但是人为沟通毕竟是不可控因素,就像上面提到的口头约束,难免会在忙得焦头烂额时忘记已制定的规范。所以,代码审查只是一种作为辅助性、非强制性(因为人不是机器,无法强制)的手段。在此基础上仍然需要绝对可控的途径加强规范的约束,部署队列便是典型的解决案例。

简单来讲,部署队列就是将所有部署请求按顺序形成一个队列,由专门的部署审查人员负责队列的控制,如果审查通过则允许部署;否则便拒绝此次部署请求,并且当前队列中在此次请求之后的所有请求均被拦截,如图 5-2 所示。

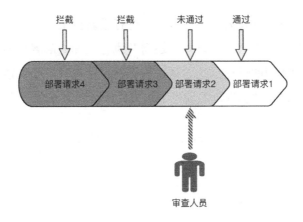

图 5-2

未通过的部署请求不一定影响后续部署的项目代码,但是我们不能有侥幸心理,所以后续的请求均被拦截。与人为代码审查相比,部署队列是绝对可控的,但是需要一位专门负责审查的人员以及开发部署审查平台。这对于结构化完整的大规模团队来讲并不是很高的成本消耗,而且结合系统通知策略,因此并不需要审查人员 24 小时盯梢。但是对于规模较小的初创型团队却是一笔不小的开销,毕竟人力成本就等于资金成本。所以是采用不可控但是成本较低的人工代码审查,还是可控程度与成本都高的部署队列,不同的团队可以根据自身情况权衡选择。

5.1.3　安全——严格审查和权限控制

安全是部署流程的重中之重,对于功能复杂的应用或者涉及支付、积分等敏感信息的功能来说,即便是非生产环境的安全也绝对不能忽视。保障部署安全最常用的方案是制定严格的审查制度和权限控制规范。是不是听起来与协作流程很相似?其实两者并不冲突,而且现实中的解决方案往往是针对多方面的问题。你可以将安全保障看作建立在协作流程基础上的"加强版"。

严格审查在代码审查基础上新增了代码层面的约束,比如校验部署测试环境的代码中是否包含线上 API 的非法调用,这项工作也可以与单元测试结合,由测试工具自动完成。

权限控制规范下的开发人员和审查人员进行重新分工,开发人员不再具备部署权限,审查人员除严格审查代码以外,还需要执行具体的部署行为,而不是像上文提到的只负责控制队列的进度。这句话可能有些难以理解,我们通过一个案例进行说明。比如在没有权限控制规范的场景下,开发人员和审查人员的分工如下。

- 开发人员除负责开发以外,还知道部署的目标地址并且有权限执行部署行为。
- 审查人员只负责部署队列的审查,审查通过后的部署行为仍然由开发人员配置的部署目标决定。

如图 5-3 所示,开发人员决定了部署目标服务器和路径,审查人员的权限仅限于审查代码，无权决定部署配置。在这种情况下，就可能因为多个开发人员由于人为失误出现配置错误而引起测试环境的崩溃。

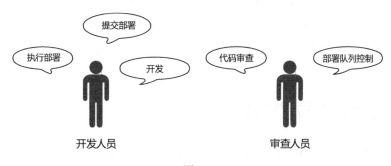

图 5-3

制定严格权限控制规范后两者的分工如图 5-4 所示。

图 5-4

开发人员只保留请求部署的权限，项目部署到哪台服务器、具体路径以及面向的什么环境等信息统统不知道。审查人员将对提交部署的代码进行严格审查，通过后执行具体的部署行为。相比之前的分工模式，开发人员有更多的精力关注业务本身；审查人员掌握着唯一的部署权限，责任加重的同时为部署流程增强了安全保障，大幅度减轻了权限分散引起的低级错误。

以上所述均是一些基本的原则及其对应的方案雏形，实施过程中有很多细节需要把控，比如部署队列的优先级处理、严格审查的黑白名单策略等。只要始终遵循速度、协作、安全 3 项原则，在制定具体方案时就能够少走弯路。

5.2 流程之外：前端静态资源的部署策略

5.1 节的内容集中于设计部署流程时需要注意的事项以及对应的解决思路，基本的原则并不仅适用于前端，而是任何开发领域都可以以此为参考。具体到前端领域[1]与其他领域的差异性，主要表现在前端所部署的资源都是静态文件，其中最特殊的当属 html 文件。

5.2.1 协商缓存与强制缓存

html 文件是 Web 站点的唯一入口，所有其他资源必须由 html 文件直接或者间接引用才可以被加载。本书第 3 章 3.6 节介绍了强制缓存和协商缓存的区别以及各自的应用场景，HTML 的特殊性决定了它只能使用协商缓存，其他资源（如 JS、CSS 等）更适用于强制缓存。这种缓存策略的分配能够保证用户每次访问网站均能够获取到最新的 HTML 资源，其他静态资源，不论是增量更新还是覆盖更新，其 URL 的更新均直接体现到 HTML 文档中。只要保证 HTML 更新的及时性，便等于保证了全站资源的更新效率。

实现针对不同资源分配不同的缓存策略，不同的服务器软件有各自的配置方案。下面我们以 Mac 系统下的 Apache 2.4 为例讲解具体的配置流程。

5.2.2 Apache 设置缓存策略

按照第 3 章所述，协商缓存涉及 HTTP 协议 Header 中的 Expires 和 Cache-control 字段，具体的值为：

- Expires 设置为 0。
- Cache-control 设置为 no-cache 和 max-age=0。

---

1 我们在此讨论的是常规的前端，而非兼顾 Server 渲染层的大前端。

第一步：为不同资源配置 Expires

Apache 2.4 的配置文件为 `httpd.conf`，Mac 系统下位于 `/private/etc/apache2` 目录。首先修改 `httpd.conf` 启用 mod_expires 模块，顾名思义这个模块的功能是为 HTTP 协议设置 Expires 字段的：

```
# 默认状态为关闭，删除行前的注释符#即可
LoadModule expires_module libexec/apache2/mod_expires.so
```

然后激活 Expires 服务并且将所有资源默认的 Expires 值设置为 1 小时，将 html 文件的 Expires 设置为 0。如下：

```
<IfModule mod_expires.c>
    # 激活 Expires 服务
    ExpiresActive On
    # 默认 1 小时为过期时间
    ExpiresDefault "access plus 1 hour"
    # html 文件过期时间为 0
    ExpiresByType text/html "access plus 0 second"
</IfModule>
```

设置完成后我们在浏览器调试面板中查看 HTML 的 js 文件的 HTTP 请求实体。设置 Expires 前后的 html 文件请求对比如图 5-5 所示。

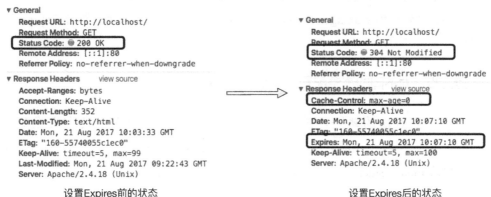

图 5-5

Date 字段代表的是此次请求的时间点，通过图 5-5 我们发现 html 文件的 Expires 时间点与 Date 完全一致，也就是说它的缓存有效时间为 0。作为对比，我们看看 js 文件的请求在设置 Expires 前后有哪些变化，如图 5-6 所示。

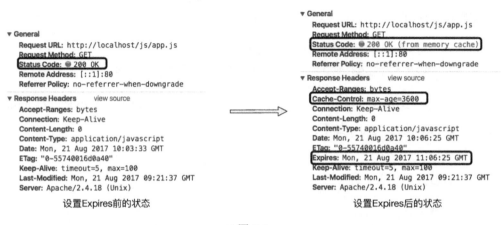

图 5-6

js 文件的 Expires 时间点为在 Date 之后的 1 小时，也就是通过 Apache 设置的 `ExpiresDefault "access plus 1 hour"` 所指定的时间。

需要注意的是，设置 Expires 之后同时出现了 Cache-control 字段，并且 max-age 的值与 Expires 指定的缓存有效期保持一致。这是 Apache 的功能之一，设置 Expires 的同时会将其转换为 max-age 并开放 Cache-control 字段。这也是为了弥补 Expires 的缺陷[1]。

第二步：为不同的资源配置 Cache-control

由于一些致命的缺陷，Expires 已经逐步被抛弃，更普遍的方案是配置 Cache-control 字段。与 mod_expires 模块类似，Apache 同样具备控制 Cache-control 的专有模块 mod_headers。启用方式与 mod_expires 模块相同：

```
# 默认状态为关闭，删除行前的注释符#即可
```

---

[1] 详情请参阅第 3 章。

```
LoadModule headers_module libexec/apache2/mod_headers.so
```

引入 mod_headers 模块之后便自动进入激活状态，无须额外的配置。接下来在上文设置完成 Expires 的基础上，我们为所有资源设置 24 小时的缓存有效期，将 HTML 资源的有效期设置为 0，并且新增 no-cache 状态值。如下：

```
# 默认 max-age 为 24 小时
header set cache-control "max-age=86400"

# html 文件的 max-age 设为 0
<FilesMatch "\.(htm|html)$">
  header set cache-control "no-cache;max-age=0"
</FilesMatch>
```

配置完成之后 HTML 资源的请求内容如图 5-7 所示。

```
▼ General
    Request URL: http://localhost/
    Request Method: GET
    Status Code: ● 304 Not Modified
    Remote Address: [::1]:80
    Referrer Policy: no-referrer-when-downgrade
▼ Response Headers    view source
    Cache-Control: no-cache;max-age=0
    Connection: Keep-Alive
    Date: Mon, 21 Aug 2017 10:16:53 GMT
    ETag: "160-55740055c1ec0"
    Expires: Mon, 21 Aug 2017 10:16:53 GMT
    Keep-Alive: timeout=5, max=100
    Server: Apache/2.4.18 (Unix)
```

图 5-7

可以看出在 Expires 配置基础上 Cache-control 的值新增了 no-cache 状态。作为对比，我们看看 js 文件的请求内容，如图 5-8 所示。

```
▼ General
    Request URL: http://localhost/js/app.js
    Request Method: GET
    Status Code: ● 200 OK (from memory cache)
    Remote Address: [::1]:80
    Referrer Policy: no-referrer-when-downgrade
▼ Response Headers    view source
    Accept-Ranges: bytes
    Cache-Control: max-age=86400
    Connection: Keep-Alive
    Content-Length: 0
    Content-Type: application/javascript
    Date: Mon, 21 Aug 2017 10:15:15 GMT
    ETag: "0-55740016d0a40"
    Expires: Mon, 21 Aug 2017 11:15:15 GMT
    Keep-Alive: timeout=5, max=100
    Last-Modified: Mon, 21 Aug 2017 09:21:37 GMT
    Server: Apache/2.4.18 (Unix)
```

图 5-8

max-age 的值由之前的 3600（1 小时）修改为 86400（24 小时）。

截止到目前，已经简单实现了 Apache 服务器针对不同资源分配不同的缓存策略。当然，生产环境下的服务器配置有更多细节，并且配置方案根据服务器软件以及操作系统的类型有所差异，感兴趣的读者可以查阅相关资料进行深入研究。

5.3 总结

部署流程是连接产品与用户的通道，衡量部署流程的 3 项标准是速度、协作以及安全。三者并不是完全独立的，真实场景的解决方案往往需要在三者之间进行权衡。使用命令行取代工具执行本地部署可以在很大程度上提高部署的速度，然而这只是初级阶段的部署流程。考虑协作和安全因素，最佳的方式是搭建可供严格审查、队列控制以及执行部署行为的部署平台，并且有专门的负责人掌控流程的进度。一款合格的产品在推向用户之前对于质量的把控一定要严格，虽然部署平台在一定程度上减缓了整体的部署速度，但是加强了协作和安全保障，权衡利弊下不失为一种合理的方案。

第 6 章

工作流

前面的章节讲述了前端工程体系各个功能模块，包括脚手架、构建、本地开发服务器以及部署。每个模块都对应项目迭代周期中的某个特定阶段，比如脚手架对应项目初始阶段、本地开发服务器对应开发阶段等。汇集了所有功能模块的前端工程体系贯穿了整个迭代周期，具体的表现形式便是串联各个功能模块所形成的工作流。本书第 1 章简单介绍了前端工程化的 3 个阶段：本地工具链、云管理平台，以及持续集成。

前端工程体系中各个功能模块的工作涉及两个要素：执行人和执行环境。这两个要素会直接影响功能模块的最终表现形式。虽然本书以本地工具链形态的 Boi 作为案例，但将其中的部分功能模块单独考量的话，可以同时适用于本地工具链以及云平台阶段。主要的区别便在于由执行人和执行环境差异性引起的表现形式的不同。

本章通过讲解前端工程化在 3 个阶段的不同表现形式以及功能模块划分，剖析各个阶段对应的工作流程。

本章主要包括以下内容。

- 本地工具链阶段对应的本地工作流形态。
- 云管理平台阶段对应的云平台工作流形态。
- 探讨前端工程化实现持续集成以及持续交付需要具备的要素。

6.1 本地工作流

本地工作流是本地工具链阶段的前端工程体系所对应的工作模式，此阶段的各个功能模块均由开发人员在本机环境下执行。按前文所述，所有功能模块的两个要素如下。

- **执行人**：前端开发人员。
- **执行环境**：分散的本地开发环境。

基本流程如图 6-1 所示。

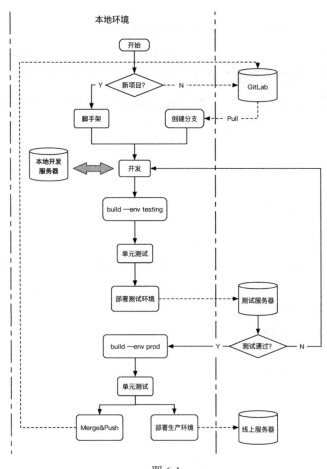

图 6-1

本地工具链阶段的前端工程体系搭建过程十分便利，以 Boi 为例，开发完成后将其发布到 npm 仓库，前端业务开发人员在具备 Node.js 环境的开发机上可以直接通过 npm 工具将其安装到本地。正是因为便利的安装方式和功能集中于本地的工作模式，以致很多人将这种形态的前端工程体系称为"前端工程框架"。虽然这样说不是十分恰当，但确实精确地阐明了此阶段工程化的特征。本地工具链适用于规模较小的团队，不失为一种"小而美"的解决方案。并且由于前端工程化目前仍然处于启蒙阶段，所以本地工具链也是目前绝大多数团队采用的工程化模式。

然而便利的背后必然隐藏着巨大的隐患。

6.1.1 二次构建的隐患

分析图 6-1 所展示的本地工作流我们发现了一个致命的问题：由于测试环境与生产环境的差异性，必须分别针对两种环境进行构建。这就导致测试通过之后需要经过二次构建才可以部署生产环境。从工程角度来讲，这属于一种"逆模式"：通过测试的代码与生产环境的代码应该保持绝对的一致，否则便失去了测试的意义。虽然测试环境与生产环境可能仅仅存在接口域名不同、代码是否混淆压缩等细微区别，但是我们仍然难以保证二次构建所产出的代码百分百无误，不管是人工还是工具，都存在失误的可能性。二次构建后未经测试便部署上线的文件会引起什么问题谁都不得而知，也无法预估。这相当于向生产环境投入了一枚不定时炸弹，最好的情况也只是一枚哑弹。

有人可能会说在二次构建之后再测试一次，通过后再部署上线不就可以拆除这枚炸弹了吗？这种方案不论是在理论上还是在现实中都是无法实施的。首先，由于二次构建的目标是生产环境，理论上并没有对应的测试环境；其次，即便理论上能够支撑"二次测试"，实际上这相当于让测试人员给开发人员"擦屁股"，缺乏对测试人员基本的尊重。

那么有没有可行的方案消除二次构建的隐患呢？有两种方案：第一种方案是从架构层面着手，将因环境差异表现不同的代码单独抽离出来；第二种是通过工程化手段解决,在工作流中引进本书第 5 章提到的仿真生产环境,或者也可以称之为测试沙箱。

6.1.2 代码分离与测试沙箱

测试环境与生产环境必然存在一定的差异,比如接口的 IP、域名不同。环境差异性虽然并不会引起前端逻辑、流程的不同,但是由于前端资源都是静态的,不能自动适应环境,所以即便是 IP、域名这种微小的差异也需要针对指定环境提供两份独立的代码。这是引起二次构建的根本原因。

1. 代码分离

所谓代码分离的基本原则是单独编写一个适应各环境的"配置文件"。假设我们将此文件命名为 `manifest.js`,有以下代码:

```js
const Domain = window.location.host;

if(Domain === 'test.app.com'){

  // 测试环境

  window.ASYNC_API_DOMAIN = 'apitest.app.com';

}else if(Domain === 'www.app.com'){

  // 生产环境

  window.ASYNC_API_DOMAIN = 'api.app.com';

}
```

上述代码根据主站域名区分测试环境和生产环境,并将对应的异步 API 域名以全局变量的形式暴露出来。随后在业务逻辑代码 `main.app.js` 中使用此全局变量:

```js
$.ajax({
```

```
url: `https://${window.ASYNC_API_DOMAIN}/login`,
dataType: 'jsonp',
success(){
  //...
}
});
```

manifest.app.js 可以作为一个通用模块不参与构建，并且必须在业务 js 文件之前引入：

```
<script type="text/javascript" src="//static.app.com/common/mainfest.js">
<script type="text/javascript" src="//static.app.com/app/js/main.app.js">
```

在这种架构模式下构建产出的业务代码可以在不同的环境下运行，避免了二次构建带来的未知隐患。但是这种方案同样会产生一些麻烦：

- manifest.js 作为一个通用模块，与 jQuery 等第三方库文件具备同样的隐患：无法保证更新后完全兼容历史项目。虽然与 jQuery 相比，manifest.js 的迭代工作由自己的开发人员负责，能够保证代码的绝对可控，但如果涉及多团队共用，则需要各团队对历史项目进行遍历测试工作，这将是一笔不小的开销。
- 代码分离本质上是架构层面的细节设计，架构是跟着业务需求的变动而不断改变的，所以 manifest.js 只能作为一种临时性的解决办法，而不是从工程角度出发的高度可适应方案。

2. 测试沙箱

测试沙箱的原则是搭建一个仿真的生产环境。在工作流中加入测试沙箱的支持后，前端只需执行一次针对生产环境的构建行为即可。测试通过后可直接部署上线，无须二次构建，如图 6-2 所示。

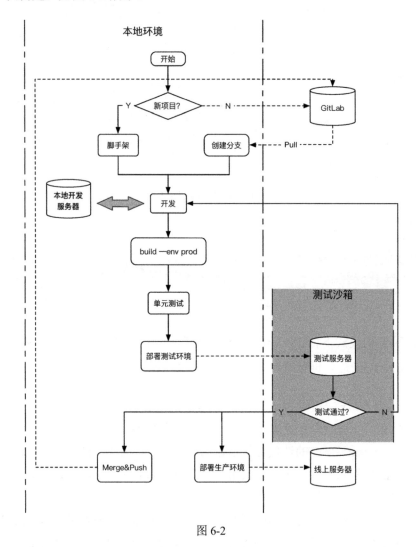

图 6-2

基本的测试沙箱并不需要像灰度环境一样完全仿真生产环境，只需模拟一个前端仿真环境即可，比如实现域名的映射。最原始的方案是通过修改测试人员本地 host 文件实现的；如果要统一规范可以搭建一个专属的 VPN 服务，所有参与测试的人员统一使用此 VPN 代理访问测试沙箱。当然，如果业务需求非常复杂，测试沙箱必须完全仿真生产环境，则需要完全按照生产环境的各项细节进行搭建。无论是哪种形式，测试沙箱并没有固定的模式，由于是仿真的生产环境，所以生产环境的复杂度直接决定了测试沙箱的搭建难度。

测试沙箱并不是新鲜的技术，实际上早在智能移动终端尚未大规模普及的 PC 网站时代就已经有了测试沙箱的雏形。实现的媒介是一种当时非常流行的工具：浏览器插件[1]。浏览器插件的功能和种类非常丰富，比如域名代理、Mock 数据、AJAX 拦截等。借助于一些特殊功能的插件，可以在浏览器内搭建仿真的前端生产环境。

即便是加入了测试沙箱避免了二次构建的隐患，便利的本地工作流背后仍然有许多难以预估的隐患，比如：

- 由于是本地构建，开发人员本地环境的差异性可能会导致构建结果的不同。
- 部署与构建无联动关系，开发人员容易忽视版本管理的重要性，比如开发部署完成之后忘记 Push 到 GitLab。

上述两个问题可以简单总结为由散列个体差异性引起的规范不严谨。既然涉及规范，那么解决这些问题的关键就是进一步加深规范，也就是 6.2 节介绍的云平台工作流。

6.2 云平台工作流

云平台工作流在本地工作流基础上，将容易因个体差异产生问题的功能模块（比如构建、部署等）提升至云平台运行，通过严谨的流程控制增强开发的规范性。云平台的目标不仅仅是实现功能的集中管理，而且要在此基础上进一步优化工作流程。功能集中的同时意味着权限集中，这也是实现自动构建和自动部署的必要前提。

图 6-3 展示的是一个简易的云平台工作流。

---

[1] 浏览器插件现今仍然流行，只是并不作为搭建测试沙箱的主要途径了。

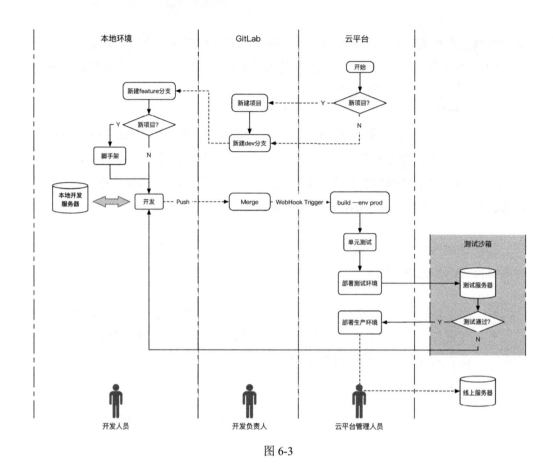

图 6-3

虽然流程中各个细节根据不同团队的具体需求在表现上有所差异，比如可以按照本书第 5 章的设计原则将部署平台独立出来。但不论如何变更，云平台工作流始终秉承如下原则。

1. 工作人员角色的严格划分。

- 开发人员负责一线的开发工作。
- 开发负责人负责汇总开发人员的各个分支并将其合并到 dev 分支。
- 云平台管理人员负责项目的发起以及部署队列的控制[1]。

---

[1] 如果有独立的部署平台则需要分化出一个部署管理人员的角色。

2. 自动构建与自动部署。

自动构建最常用的方案是与 Git 管理平台（如 GitLab）联动，由 WebHook 机制触发，然后构建结果通过单元测试之后触发自动部署。整个流程无人工参与，均由云平台自动完成。

之所以设立开发负责人的角色，是为了规范源代码的版本管理。开发负责人审查各开发人员提交的代码，消除一些明显的逻辑问题或者由人为失误造成的低级错误，相当于在触发自动构建之前设立一道人工岗哨。一方面是为了提高云平台自动构建的成功率，减少云平台资源的消耗（比如减轻构建排队压力），这对于构建需求比较频繁的团队是非常有必要的；另一方面是加深版本管理的规范意识，严谨的分支开发策略可以在很大程度上提高团队整体的开发效率。虽然源码的版本管理并不属于前端工程体系的服务范围，但是我们接下来要介绍的 WebHook 是与自动构建息息相关的，所以下面简单介绍一下目前比较流行的版本管理模式。

6.2.1　GitFlow 与版本管理

Git 具有快速、分布式、可离线等优点，已成为目前最流行的版本控制软件之一。Git 使用元数据存储源文件的版本信息，并且新建的分支存储于本地，这种特性令 Git 的分支操作非常便捷。然而 Git 并没有严格的分支管理规范，高度的灵活性造成目前市面上存在多种多样的 Git 分支开发策略，质量也参差不齐。图 6-4 是目前比较普遍的一种 Git 分支管理策略。

- **master**——主分支，存储已发布版本的源码，不能在此分支上进行开发，只能合并 release 和 hotfix 分支。
- **hotfix**——热修复分支，用来修复线上的紧急 Bug，以线上版本对应的主分支为基础新建。
- **release**——预发布分支，也可以称为提测分支，可以在此分支上修复 Bug，以 develop 分支为基础新建或者合并 develop 分支。

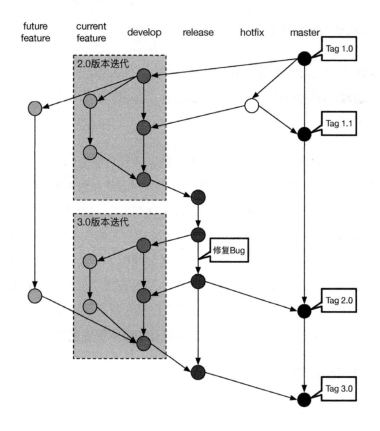

图 6-4

- **develop**——开发分支,用于汇总各 feature 分支,只能合并,不能在此分支上进行开发。
- **current feature**——当前版本迭代功能的分支,业务开发人员均在 feature 分支上进行开发。
- **future feature**——未来版本迭代功能的分支,比如某个非常重要的功能需要在几个版本之后开放,且开发耗时较长,所以需要提前投入开发。如果项目中没有类似场景,可忽略此分支类型。

在图 6-4 的 Git 分支管理流程中,有以下几点需要特别注意。

1. 负责修复线上紧急 Bug 的 hotfix 分支在开发完成之后必须合并到当前正在开

发中的 develop 分支，否则会造成下次发布版本中丢失 hotfix 的修复代码。

2. release 分支在测试阶段可能会有频繁的修复 Bug 的行为，如果在此过程中同时进行下一个版本的迭代（如图 6-4 所示的 3.0 版本迭代），必须在修复 Bug 之后将 release 分支合并到 develop 分支，否则会引起 3.0 版本发布后 2.0 版本既有功能出现问题。

从适用性角度来讲，不同规模、分工的团队所采用的分支策略也各有不同。比如只有一个人的团队直接在主分支上开发也无伤大雅，但是对于涉及多人协作完成的项目来说，严谨的分支管理策略能够在很大程度上增强源码的可维护性。

6.2.2　WebHook 与自动构建

WebHook 是一种用于在服务器之间进行实时通信的策略，源服务器通过监听某种特定事件（比如 Git 仓库的 Push 事件），在事件发生后发送一个 HTTP 请求（通常是 POST 请求）至目标服务器。这是事件驱动模型的一个典型案例，对于前端工程师而言是再熟悉不过的了，浏览器的事件监听回调策略以及 Node.js 的 Event Loop 都是基于事件驱动模型的。所以 WebHook 也可以被称为 Web 回调。

WebHook 通常被用于实时性要求较高的场景，比如消息通知。在前端工程化领域，WebHook 是将 Git 仓库管理平台和云平台联系在一起的纽带，是实现流程自动化的关键所在。如图 6-1 所示的工作流中，Merge 事件触发 GitLab 的 WebHook 监听回调，发送消息通知云平台。随后云平台接收到消息之后自动进行构建、单元测试以及部署流程。

目前主流的 Git 仓库管理平台均支持 WebHook，比如 GitHub 和 GitLab。比较普遍的可监听事件包括 Push、新建 tag、Merge 等，图 6-5 是 GitLab v7 版本 WebHook 支持的事件类型。

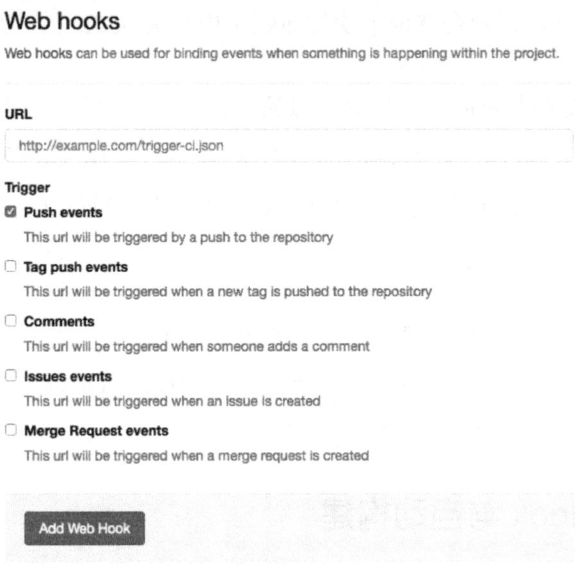

图 6-5

其中 URL 是目标服务器的地址，所以下一步的工作便是在目标服务器上搭建一个接收 WebHook 消息的 HTTP 服务，实现的方式与常规的 HTTP 服务一致，你可以按照团队的技术选型自行实现，也可以使用开源的工具。比如使用 Node.js 配合 github-webhook-handler 模块[1]搭建一个监听 Push 事件的简易 HTTP 服务：

```
const Http = require('http');

const CreateHandler = require('github-webhook-handler');

const Handler = CreateHandler({
  path: '/webhook'
});

Http.createServer((req, res) => {
```

1　https://github.com/rvagg/github-webhook-handler。

```
    Handler(req, res, err => {

      res.statusCode = 404

      res.end('Not Found')

    })

}).listen(8888);

Handler.on('push', event => {

  // 触发自动构建

});
```

有了 WebHook 的支持可以大幅度降低云平台执行构建或者部署的人工成本，令整个工作流程进一步自动化。与此同时，严谨的 Git 分支管理策略能够提高由 WebHook 触发的自动构建/部署的成功率。从整个工作流程中更可以反映出前端工程化并不仅仅是一个框架或者平台，而是与之相关的所有规范、策略、分工的集合。

6.3 持续集成与持续交付

持续集成、持续交付以及持续部署是目前软件开发领域被广泛探索和实践的自动化模式。持续集成强调将散列开发人员提交的代码进行快速集成，并且实现自动构建和测试。持续交付在持续集成的基础上，将集成并自动构建、测试通过的代码自动部署至测试或者仿真生产环境中，而生产环境的部署仍须人工操作。持续部署在持续交付的基础上进一步自动化，将部署生成环境的工作自动完成。持续集成的目标群体是开发人员，持续交付的目标是测试环境和测试人员，持续部署的目标是生产环境和真实用户，三者可以理解为逐步加强的串联流程。

发展至云管理平台阶段的前端工程化已经基本具备了在前端范畴内的持续集

成、交付和部署，然而前端毕竟只是 Web 整体的一部分，从 Web 开发整体流程的角度衡量，前端工程化还远远没有达到持续集成的程度。所以有种论调将前端工程化视作一种"伪工程"，是在无法实现整体工程化的阶段为了尽量提高工程效率而产生的一种"临时工程化方案"。即便如此，前端工程化仍然是必行之路。我们现在仍然在探索将前端工程化与整体 Web 工程融为一体，以便实现持续化的具体方案。

我们不妨回顾一下本书第 1 章讲述的前端工程师的发展史，从最初由服务器工程师兼顾前端工作到独立的前端工程师，再到包揽中间渲染层的大前端。狭隘意义上的大前端模式与早期兼顾前端工作的 PHP 工程师非常类似：不直接接触数据层，只负责中间层数据的汇总和 HTML 渲染，只不过编程语言由 PHP 变成了 Node.js。然而从宏观来看，大前端模式的产生意味着 Web 开发对分工的不断探索，探索的进程有时候并不是笔直向上的，而是呈现出一种螺旋向上的形态，令你时常怀疑是否走了回头路。从这个角度思考，所有的工程化方案都是"临时的"。那么我们应该担忧方案在未来会过时而不去实施吗？答案当然是否定的。

从实际开发的经验来看，只要有分工便不可能实现绝对完美的协作。暂且不论前后端的协作，目前有相当一部分的团队仍然将 CSS 开发和 JavaScript 开发独立设为两个岗位，以致汇总过程非常困难。所以，即便前端工程化在前端范畴内达到了持续化，但将其置于 Web 工程整体流程中仍然会存在很多协作上的不融洽。虽然目前我们无法回答如何从 Web 整体的角度实现持续集成、交付和部署的具体方案，但是有一点可以确定：前后端工程化汇总过程实现持续化一个必不可少的条件是版本的统筹管理。此处的版本指的是针对生产环境的迭代版本，面向的是 Web 项目整体。举个例子，以统一的版本号 v1.0.0 对应前后端产出的所有代码，针对生产环境部署、版本回滚等统筹规划。而前后端内部可以存在独立的小版本，比如前端源码版本为 v1.0.0_fe_<version>，后端源码版本为 v1.0.0_be_<version>。统一版本的目的一是为了部署、回滚等线上操作；二是为了便于工作流程中协调各方资源，比如每次构建、测试和部署分别获取<version>最新的前后端资源。

6.4 总结

前端工程化在不同阶段对应不同的工作流程。本地工具链对应的是"小而美"的本地工作流，主要优势在于便捷，然而是以牺牲严谨度为代价的。云平台工作流将功能和权限集中管理，既消除了个体差异性带来的隐患，也进一步加强了规范，并且在 WebHook 的技术支持下可以在前端范畴实现基本的持续集成、交付和部署。然而前端工程化是 Web 整体工程化的一部分，最终的目标是实现整体的持续集成、交付以及部署，这是一条需要不断探索的道路。

第 7 章

前端工程化的未来

截止到目前，本书所阐述的前端工程体系的功能和规范设计均是从实际出发，以此阶段的前后端分工以及前端工程师的定位作为基础的。然而按照第 6 章 6.3 节所述，Web 开发的分工模式仍然处于探索阶段，且不说目前逐渐流行的兼顾中间层渲染的"大前端模式"，前端工程师的发展甚至有突破 Web 领域的趋势，比如可使用 JavaScript 语言编写移动 App 的 React Native、Weex 以及自成一派但是以 HTML、CSS、JavaScript 为基础的微信小程序和支付宝小程序等。前端工程师的开发模式在不久的未来必然会有进一步的改革，那么前端工程化应该如何适应这种改革呢？

本章主要包括以下内容。

- 前端工程师未来的定位。
- 未来的前端工程化应对策略。

7.1 前端工程师未来的定位

从诞生到发展至今，前端工程师的定位一直在变化。从"切图仔"升级到"大前端"，改变的是负责的技术范畴，不变的是前端工程师产出的对象永远是用户。最初的前端工程师出身很混乱，有原本从事 UI/UE 的，也有从服务器端开发转变而来的。不同的出身决定了不同的发展方向，UI/UE 转变而来的前端工程师普遍偏向用户，发展方向是前端+设计，以 CSS 和动画见长；而原本从事服务器端开发的工程师普遍偏向技术，发展方向是前端+服务器端，以 JavaScript 和逻辑见长。随着近几年越来越多的所谓"科班出身"的前端工程师涌向市场，前端+设计的方向逐渐退出了历史舞台[1]。即便如此，前端工程师的发展方向也并未明确。平台的多样性以及新技术的不断涌现，虽然都是偏向技术，但前端逐渐发展出了面向 Web 以及面向移动 App 两个方向。

7.1.1 不只是浏览器

在 Node.js 之前，浏览器是前端工程师唯一的"阵地"，Node.js 的出现打破了这个局面，以致出现了所谓的"大前端"。之所以 Node.js 出现之前没有"大前端"概念的主要原因之一是，当时的 Web 服务器端编程语言不是 JavaScript，虽然 PHP、Python 等 Web 脚本语言同样简洁易学，但是学习两门编程语言毕竟需要消耗大量的精力。而 Node.js 出现之后，语言的共通性不仅降低了使用 Node.js 进行服务器端开发的门槛，也为实现同构编程提供了有力的技术支持。除此之外，Node.js 的轻量、非阻塞 I/O、异步处理等特性非常适用于微服务等特定场景。

Node.js 中间层+浏览器是目前所谓的"大前端"的基本模式，Node.js 中间层的主要工作有如下两种。

- 汇总后端数据接口后暴露新接口给浏览器 JavaScript 逻辑调用。
- 渲染 HTML 模板。

前端工程师掌控着与用户相关的所有资源（数据、逻辑和模板），能够更全面地掌控开发进度以及实现更合理的前后端分离。这种模式的前端将技术范畴扩大到了 Web 服务层，可以视为在 Web 领域纵向的延伸。国内外团队对这种模式的接受程度也越来越高。突破浏览器、面向 Web 应用层的"大前端"逐渐成为了前端工程师未来发展的主流方向。

---

[1] 笔者始终认为相对于服务器端，设计的门槛更高，因为 UI 和 UE 需要长年累月的实践经验，熟知用户心理才可有所成就，而服务器端则是纯粹的技术。

7.1.2 也不只是 Web

不论是专注浏览器端,还是兼顾 Node.js 中间层,前端工程师始终未脱离常规意义上的 Web 领域(即面向浏览器的 Web)。近些年随着 React Native、Weex 等技术的发展,JavaScript 语言可以直接编写接近 Native 体验的移动 App,这令前端工程师有望探索常规 Web 以外的开发领域。实际上,近几年前端工程师"入侵"移动开发领域的脚步从未停下。以 PhoneGap、Cordova、Ionic 等为代表的类 App 开发,以及内嵌在 App 中 WebView 的 Hybrid 开发,加上近期 Google 提出的 PWA[1],甚至微信小程序和支付宝小程序等,前端工程师的阵地早已不再是单纯的浏览器了,而是面向各类 GUI 应用的泛前端领域。

移动客户端开发领域之所以不断被 Web"入侵",一方面是由于 Web 技术发展迅速,比如 JavaScript 引擎性能的提升以及随着 HTML5 的推广浏览器和类浏览器的权限不断增强;另一方面是由于移动操作系统政策的不断收紧。2017 年 6 月,Apple 公司发布公告禁用以 JSPatch 为代表的"伪热更新"技术;Google I/O 2017 开发者大会上点名提出以 MIUI 为代表的第三方 Android 定制系统粗糙的图标,虽然并未宣布 Android 即将闭源的任何消息,但这件事也令很多开发者和媒体嗅到了不安的气氛。所以目前的局面是:Native 不断收紧,Web 逐渐开放。这是前端能够有机会并且有能力"跨界"踏入移动 App 开发领域的重要前提。虽然这个方向目前仍然处于起步阶段,距离真正成熟还有多长的路谁也无法预测,但不可否认的是前端的横向边界正在不断延伸。

Web 自身格局不断变化的同时,其他领域的诱惑也不断挑逗前端不安分的触角。前端工程师未来的具体定位虽然无法精确预测,但是不论是 Web 领域还是客户端领域,前端的工作产出均直接面向用户,这在任何时代都不会改变。秉承这项宗旨,

---

1 PWA 是 Progressive Web App 的简称,与其说它是一种新兴技术,不如将其理解为一种理念或者模式。PWA 的目标是让 Web 在保留其开放、易访问等本质特性的同时,在离线、交互、通知等方面达到类似 App 的用户体验。更多细节请参阅
https://developers.google.com/web/progressive-web-apps/。

不论角色如何转变,前端工程师始终需要坚持如下两项原则。

- 于产品而言,须保证性能和体验。
- 于开发而言,须保证快速与严谨。

而前端工程化便是一张以多变的形态应对前端不变原则的服务蓝图。

7.2 前端工程化是一张蓝图

前端工程体系是一种服务,以项目迭代过程中的前端开发为主要服务对象,涉及开发、构建、部署等环节。类比到建筑行业,一栋房屋需要几个卧室、几个卫生间以及各房间的排序和面积等属于需求设计;按照需求设计合理的地基处理、墙体结构等细节属于架构设计;保证工人们能够快速、安全、严格地按照架构图进行建设工作则属于工程化。所以,前端工程师的角色定位和工作内容决定了能够实现哪些需求以及适用于什么样的架构解决,从而间接决定了工程化方案的功能规划和工作模式。换句话说,前端工程化不是一成不变的,而是根据前端工程师的角色转换不断适应的。

服务蓝图是商业领域的一个概念,也较多地被应用于产品推广、体验设计以及用户研究领域,是一种用于描绘产品/服务整体过程以及用户/顾客在过程中具体角色的可视化方案。服务蓝图将整体中看似分离的模块或者过程以可视化的图形展示出来,以一种更清晰明了的方式呈现给用户或者顾客,其核心思想是"以用户/顾客为中心的服务和产品设计"。这种理念同样适用于前端工程体系的规划设计,前端开发人员是工程体系的用户,以用户为中心设计整个流程以及流程中各个细节的表现形式。前端工程化就是一张服务于开发人员的蓝图。

基于 7.1 节提到的前端工程师的未来定位,我们不妨设想一下未来的前端工程化会有哪些变化和不变的环节。

1. 构建功能可能弱化但不可或缺

可以预见的是，随着浏览器对 ECMAScript 规范的逐步实现，Babel 之类的语法转译工具会慢慢淡出历史舞台。当然，这必然需要长时间的等待，按照 TC39 委员会每年发布一个小版本的频率，浏览器厂商很难跟得上 ECMAScript 规范更新的脚步。即便如此，未来对于 JavaScript 语法转译的需求相比目前来说也会弱化很多。

首先，ECMAScript 2015 的推出是革命性的，数量庞大的新特性对 JavaScript 开发效率的提升是之前任何版本都无法媲美的，这是我们强烈需要语法转译工具的主要原因。然而按照 TC39 委员会的发布策略，之后再也不会出现如 ECMAScript 2015 一样臃肿的版本，所以相对来说，未来的 JavaScript 开发者对于语法转译工具的需求势必不如目前迫切。其次，由于移动设备以及应用的更新速度远高于 PC，移动端浏览器对于 ECMAScript 规范的平均实现进度远远领先于 PC 端浏览器。移动智能终端的使用率在未来很有可能超越 PC，即使是目前，也有很多 Web 产品只针对移动设备。所以未来面向移动终端的 Web 前端开发人员会进一步弱化对 JavaScript 语法转译的需求。最后，ECMAScript 规范的制定向来是麻烦不断，前有 ES4 被扼杀在摇篮的前车之鉴，后有 ES6 与 ES5 之间的 6 年之隔。未来 TC39 委员会是否会再次分裂也难以预测，我们可能还会在未来停留在某个 ES 规范版本 6 年甚至更久。如果真的出现这种情况，彼时的 JavaScript 语法转译工具就再无用武之地了。

在未来同样可能被弱化的需求还有模块的打包压缩功能。目前之所以将散列的源码模块进行打包压缩，一方面是由于浏览器对模块化规范的支持程度不理想，比如 ES6 Modules；另一方面是受限于网络，为了减少资源的传输时间和用户的流量消耗。Node.js 开发不需要打包压缩的原因也是基于这两点。第一点属于与 JavaScript 语法转译的范畴，在未来的某个时间点必然会消除。至于第二点的网络因素，可以确定的是，未来的网络环境会不断提升。当然，不排除随着前端逻辑的不断复杂化，静态资源体积也可能会越来越大直至超出了网络环境的承受能力。所以模块打包压缩的需求是否会完全消除仍然有很多不确定因素。

即便现有的诸多功能需求在未来可能会弱化，构建系统仍然是不可或缺的，因为无法预估未来是否会出现新的需求、新的平台和新的技术。抛开这些不确定因素不讲，与 JavaScript 不同的是，在可预见的几年甚至更长的时间内，CSS 的编程能力仍然无法得到质的提升，类似预编译器、PostCSS 的构建功能会存在很长的时间。并且在前端工程体系中，构建与本地服务器、部署等功能模块环环相扣，即便单个模块的功能被削弱，在整体工作流中也是不可或缺的。

2. 必不可少的 Mock

不论未来的 Web 技术和分工如何变化，只要涉及网络请求，Mock 服务就必不可少。

"大前端"模式下的前端工程师掌控着异步接口但是并不直接接触数据库，所以新功能迭代过程中仍然需要 Mock 假数据以辅助浏览器逻辑的开发，只不过 Mock 的形式由原本的面向浏览器调整为面向 Node.js 服务。

"泛前端"模式下的前端工程师负责各平台 GUI 应用的开发，不涉及 Web 服务，在网络交互角度上与目前面向浏览器的前端本质上是类似的。只不过未来随着 Web 技术的发展，前后端通信可能不仅仅是异步接口，WebSocket、HTTP 2 等新技术逐渐成熟，Mock 服务的形式也会相应地进化。

3. 容器技术优化工作流

容器技术目前已经几近成熟，但是在前端工程领域的应用还尚未普及。究其原因，一方面是因为目前的时间节点下，相较于服务器端，前端在业内仍然没有得到足够的重视。相当一部分团队的前端仍然停留在非常原始的阶段，更不用提前端工程化了。另一方面是由于前端工程化目前只是起步阶段，相关从业人员仍然在不断探索更合理的工程化方案。随着前端业务复杂度的提升，前端工程体系必然会越来越庞大。本书第 6 章介绍的云管理平台虽然可以在一定程度上优化工作流程，但是需要一台独立的服务器支撑全部的功能，比如构建、单元测试和部署等。如果将容器技术应用于各个功能，不仅可以节省服务器资源，同时也会大幅度降低搭建环境所消耗的额外精力。此外，在测试沙箱以及仿真环境的搭建工作中也可以发挥容器化的优势。

7.3 总结

前端工程师在未来的定位必然会产生变化，以目前的趋势分析，纵向发展的"大前端"和横向延伸的"泛前端"是两个比较明显的方向。前端工程化是一张服务于前端开发的蓝图，前端工程师定位的改变会同步影响工程化方案的具体形态。在未来的工程体系中，构建功能的需求可能会逐渐弱化但仍然不可或缺；Mock 服务的形态会变、功能会变，但是只要涉及网络通信，Mock 就永远无法被消除；此外，容器化可能是进一步优化工作流的关键技术。

总之，前端工程化唯一不变的原则就是始终以前端开发为中心，它没有固定的形态甚至没有最合理的方案。只要前端工程师的定位不断变化，工程体系进化的脚步就不会停下。